QUILO DE CIENCIA
VOLUMEN XII
(2019)

JORGE LABORDA

QUILO DE CIENCIA
VOLUMEN XII
(2019)

Artículos de divulgación científica lo más informativos comprensibles y divertidos que un soñador pudo crear

TÍTULO:
Quilo de Ciencia Volumen XII (2019)

AUTOR:
Jorge Laborda

© Jorge Laborda Fernández, 2019

EDICIÓN Y COORDINACIÓN:
Jorge Laborda

MAQUETACIÓN:
Jorge Laborda

PORTADA:
Jorge Laborda

IMPRESIÓN:
Lulu

ISBN: 978-0-244-54899-5

Para Rosa

ÍNDICE

¿POR QUÉ LOS GATOS TIENEN LA LENGUA ÁSPERA?

El acicalado de los gatos, sin embargo, no es una actividad de ocio, sino que en la Naturaleza resulta necesaria para la supervivencia de los felinos

El español está lleno de dichos y refranes. Uno muy molesto para niños y niñas es este de: ¿se te ha comido la lengua el gato?, que se suele decir cuando los pobres pequeños, por vergüenza o miedo, prefieren permanecer en silencio en lugar de contestar lo que suele ser una pregunta indiscreta. No está claro el origen de este dicho, probablemente perdido en negros episodios de la historia, cuando ladrones o chivatos eran castigados arrancándoles la lengua, la cual podía ser, en efecto, comida a continuación por gatos o perros. Esta no es la única hipótesis que intenta explicar este dicho, pero las otras que he encontrado son tan desagradables que prefiero no mencionarlas.

Más interesante que explicar el origen del grosero dicho anterior resulta explicar la propia lengua del gato y de otros felinos. Quien haya pasado un dedo por la superficie de la lengua de un gato doméstico (pasar el dedo por la lengua de un león es más excitante, pero mucho más peligroso), habrá comprobado que esta es muy áspera. No es para menos, porque la superficie de la lengua de los felinos está recubierta de lo que se han denominado papilas filiformes, formadas por queratina, es decir, por la misma proteína que también forma las uñas y las garras. Estas papilas crean una superficie de pequeñas púas abigarradas orientadas hacia la parte posterior de la lengua.

Los felinos han habitado el planeta desde hace once millones de años. En comparación, los gatos fueron domesticados en el sudeste de Asia hace solo unos diez mil años, pero, hoy, un gato doméstico vive mejor que jamás haya vivido el rey de la selva. El afortunado minino duerme unas catorce horas al día y, de las diez que pasa despierto, alrededor de dos y media las dedica a acicalarse, y eso que no tiene que pintarse las uñas ni teñirse el pelo. Por supuesto, tiene comida decente, agua y vivienda garantizadas.

El acicalado, sin embargo, no es una actividad de ocio, puesto que en la Naturaleza resulta necesario para la supervivencia de los felinos. Peinarse la piel con su áspera lengua permite eliminar parásitos, como las pulgas, pelos sueltos, y evacuar el exceso de calor. Este peinado es importante porque la piel de los gatos cuenta con dos capas de pelo. La capa exterior desempeña una función de protección, mientras que la capa interior, de pelo más fino, sirve para mantener el calor corporal. Si los gatos no se acicalan debidamente, los pelos de la piel se enredan y se apelmazan, lo que puede favorecer la formación de focos infecciosos.

PAPILAS HUECAS

Estudios realizados en los años ochenta del siglo pasado concluyeron que las papilas filiformes eran como pequeñas púas cónicas. Ahora, investigadores del Instituto de Tecnología de Georgia, en Atlanta, USA han analizado de nuevo las papilas de la lengua de varias especies de félidos, incluido el gato, con tecnologías de la imagen más recientes y potentes, y han descubierto que las papilas filiformes no son conos perfectos, sino que, en realidad, la punta de estos conos es hueca y forma un pequeño recipiente. Esta particularidad permite a las papilas filiformes cargarse fácilmente con saliva en su extremo superior, saliva que va a servir para humedecer la piel y el pelo y facilitar su peinado.

La saliva que, gracias a estas papilas filiformes, los gatos y otros felinos depositan sobre su piel puede también desempeñar una función termorreguladora. Los gatos solo tienen glándulas sudoríparas en las patas, por lo que cuando es necesario dispensan sobre su piel saliva que, al evaporarse, elimina el exceso de calor corporal. Las ratas hacen lo mismo, e incluso los canguros poseen en sus codos una zona de piel fina dedicada a esta función refrigeradora mediada por la saliva. Saliva es también lo que evaporan para refrigerarse los perros y cánidos en general al respirar rápidamente con la lengua fuera. Los investigadores son capaces de determinar que, en cada lamido, la mitad de la saliva depositada sobre las puntas huecas de las papilas filiformes es transferida a la piel, donde ejerce su función refrigerante.

Este nuevo conocimiento sobre la forma de las papilas filiformes permite a los investigadores diseñar un nuevo cepillo para gatos que imita a la lengua de estos felinos. El cepillo es fabricado mediante impresión en 3D de estructuras similares a las papilas filiformes sobre un soporte de silicona. De acuerdo con los científicos, este cepillo puede ayudar a mantener en buen estado la piel de nuestros gatos domésticos, a eliminar sustancias que producen alergia o a administrar sobre ella lociones o medicamentos. Probablemente, no tardaremos mucho en ver este tipo de cepillos en las tiendas de mascotas.

Sin embargo, aunque los descubrimientos anteriores pueden ser de interés para los amantes de los gatos, plantean también profundas cuestiones sobre la evolución de los félidos. ¿Por qué, de entre otras posibilidades, su evolución ha conducido a este tipo de lengua? ¿Tiene esto que ver con el tipo de piel que también han desarrollado, la cual es diferente de la de los otros carnívoros? Quizá el tipo de piel y pelaje de los félidos sea muy eficaz para evitar, mediante el cepillado con la lengua, que la sangre quede adherida a la misma, la cual podría servir de medio de cultivo para bacterias patógenas. Tal vez cepillarse la piel con la lengua tras la caza y la comida sea un comportamiento que ha evolucionado como una manera de evitar esta posibilidad, lo que aumentaría la supervivencia de los felinos limpios frente a los sucios. Las infecciones son la principal causa de debilidad y enfermedad en la Naturaleza, y los animales débiles, también los felinos debilitados, suelen convertirse en fáciles presas.

Vemos de nuevo que un simple descubrimiento, aparentemente sin mucha importancia científica, puede platear serias cuestiones que necesitarán nuevos y profundos estudios para responderlas. Esta es una de las maravillas de la ciencia que vivimos hoy: las respuestas siempre aportan nuevas preguntas, nuevos estímulos a la curiosidad humana.

Referencia: Alexis C. Noel and David L. Hu (2018). Cats use hollow papillae to wick saliva into fur. PNAS. http://www.pnas.org/cgi/doi/10.1073/pnas.1809544115

6 de enero de 2019

LA MOSQUEANTE CONFORMIDAD DE LA CULTURA

Los científicos someten a las moscas hembras a lo que no es sino una sesión de porno duro

Un hecho que me ha sorprendido toda la vida es la manifiesta evolución de la percepción de la belleza, al menos de la belleza femenina. Me resulta chocante que las mujeres de antaño, representadas en obras de arte y supuestamente consideradas bellas, sean siempre más regordetas y de menor estatura que las que hoy son tenidas por el culmen de la belleza. En mi tal vez ingenua visión, similar a la de los antiguos griegos que creían que la belleza derivaba de proporciones matemáticas fijas, la belleza debería ser un concepto inamovible con los tiempos. Sin embargo, se mueve.

Los cambios en el concepto de belleza no pueden ser debidos a mutaciones en los genes. No ha habido suficiente tiempo para que nuestra especie mute, ni tampoco una razón para que solo se hayan seleccionado personas que ahora consideran bellas a las mujeres delgadas. Por consiguiente, los cambios en el concepto de belleza han tenido que ser debidos a razones culturales. Estas razones, sin embargo, pueden a la larga ejercer un impacto en la evolución de la especie, puesto que hombres y mujeres considerados bellos en una u otra época probablemente tendrán más probabilidades de reproducirse, lo cual sí ejercerá un impacto en los genes que serán seleccionados en las futuras generaciones.

Podríamos pensar que lo anterior debe ser un efecto exclusivo de la especie humana, ya que solo los humanos hemos generado culturas. Sin embargo, si la ciencia ha ido desmontando mitos como que la Tierra es el centro del universo y el ser humano el centro de la (supuesta) creación, también está desmontando el mito de que el ser humano es el único animal que ha desarrollado culturas.

Si definimos la cultura como el conjunto de tradiciones generadas por previas generaciones y heredadas mediante el aprendizaje social, entonces la ciencia ha demostrado que otras especies también poseen cultura. Algunos ejemplos son las técnicas para conseguir alimento empleadas por la ballena yubarta, el carbonero común (un pajarillo de la familia de los gorriones) e incluso los abejorros, y el empleo de herramientas por los chimpancés.

La información transmitida de padres a hijos por medios diferentes de los puramente genéticos del instinto ayuda, sin duda, a la supervivencia de las especies. Por ejemplo, conocer qué plantas son comestibles y cuáles no, no está codificado solo en los genes, al menos no en todas las especies. Esto sugiere que, si bien la cultura humana es la más compleja del reino animal, formas más simples de cultura que favorezcan la supervivencia han debido desarrollarse a lo largo de la evolución y tal vez incluso aparecieron en los animales más primitivos.

Un grupo de investigadores europeos y australianos intenta comprobar esta idea realizando unos ingeniosos experimentos con uno de los organismos de laboratorio más primitivos y estudiados: la mosca Drosophila melanogaster. Los investigadores estudian si las moscas generan cultura o no con respecto a un comportamiento indispensable para la supervivencia: el comportamiento sexual.

Al igual que sucede en nuestra especie y en tantas otras, en condiciones normales, son las hembras de Drosophila las que eligen a sus parejas. Son estas las más susceptibles, por consiguiente, al desarrollo de una cultura de preferencias sexuales, de acuerdo con el comportamiento sexual que observen en sus compañeras.

COLORIDAS COPULACIONES

Para comprobar si las preferencias sexuales de las hembras de Drosophila se conforman a alguna tendencia cultural, los científicos someten a moscas hembras a lo que no es sino una sesión de porno duro. Colocan a un número de hembras vírgenes en el centro de una cámara hexagonal transparente, desde donde pueden observar a seis hembras copulando con machos en otras seis cámaras adyacentes a la cámara central. Los investigadores dispusieron el experimento de manera que una hembra y dos machos, uno marcado con pintura de color verde y el otro con pintura de color rosa, fueron introducidos en cada una de las seis cámaras, pero solo se permitió que la hembra copulara con uno de los dos machos, mientras el otro observaba (es de esperar que con mucho interés). De este modo, los investigadores consiguieron que las hembras de las cámaras centrales observaran cómo sus seis compañeras copulaban con una mayoría de machos verdes, con una mayoría de machos rosas, o con una combinación equilibrada de ambos.

Tras este periodo de observación, se hizo pasar a las hembras vírgenes a la acción, juntándolas con machos pintados de color verde o rosa. ¿Tendría algún efecto el color de estos machos en la proporción de aceptación o rechazo para copular con ellos, según las preferencias observadas en sus compañeras?

Pues sí, y el efecto fue muy importante. Las hembras que habían visto copular a otras mayoritariamente con machos pintados de un color, aunque solo fuera en una proporción de 60:40 con el otro, mostraron una clara preferencia por machos pintados con ese color. Estas preferencias no se manifestaron, sin embargo, en las hembras que habían visto copular con machos de ambos colores de forma equilibrada. Las preferencias, además, se mantuvieron por varias generaciones.

Las moscas hembra, por tanto, tienden a conformarse a las preferencias sexuales de sus compañeras. La tendencia a la conformidad es igualmente propia de nuestra especie, lo que ha sido puesto de manifiesto en múltiples estudios. Es esta tendencia la que permite crear tradiciones, aunque en el caso de las moscas estas sean tradiciones de preferencia sexual. Quizá las moscas puedan mostrar también preferencias alimenticias, pero esto no se ha estudiado.

Estos estudios ayudan a comprender la rápida evolución de las características sexuales de los machos de algunas especies. Por ejemplo, la enorme cola del Pavo Real, o los cuernos de machos de algunas especies de escarabajos, o los llamativos colores de los machos de algunas aves han podido ser seleccionados rápidamente gracias a las preferencias sexuales de las hembras, las cuales pueden depender de su "cultura". Estos estudios indican que la evolución no es solo cuestión de genes. Puede ser también cuestión de cultura.

Referencia: Etienne Danchin et al (2018). Cultural flies: Conformist social learning in fruitflies predicts long lasting mate-choice traditions. Science 362, 1025–1030 (2018) 30 November 2018.

13 de enero de 2019

SALUD POR ASFIXIA

La investigación reciente sobre la comunidad bacteriana que habita nuestro intestino, la llamada microbiota, o flora intestinal, nos ha hecho más conscientes de su importancia para nuestra salud. Las diversas especies de bacterias que conforman la microbiota deben encontrarse en unas proporciones equilibradas para que resulten beneficiosas. El desequilibrio en las especies bacterianas de la flora se ha visto asociado con enfermedades crónicas graves, como cáncer colorrectal, obesidad, diabetes, artritis, asma, enfermedades cardiovasculares y desórdenes neurológicos. Como vemos, la flora intestinal no solo afecta al intestino.

Se ha comprobado que el sistema inmunitario es fundamental para conservar un equilibrio beneficioso en la flora intestinal. Al mantener el sistema inmunitario bajo control a aquellas clases de bacterias demasiado agresivas o que intentan penetrar en nuestro organismo, en lugar de quedarse pacíficamente en la superficie del intestino, las bacterias de la flora han evolucionado para adaptarse a estas restricciones y, por consiguiente, son especies de bacterias no invasivas que normalmente no causan infección alguna. No solo eso, sino que las especies bacterianas toleradas por el sistema inmunitario son también las que resultan beneficiosas, al realizar la fermentación de fibras no digeribles y permitir que el intestino absorba, al menos en parte, los productos de esa fermentación, lo que favorece nuestra nutrición. Algunas bacterias de la flora sintetizan incluso vitaminas que nos son necesarias.

No obstante, no todas las personas poseemos la misma flora intestinal. Esta puede variar dependiendo de dónde vivimos o de la dieta que consumimos. Estas normales diferencias no causan desequilibrio, por lo que la composición de la flora intestinal tiene un rango de variación dentro de parámetros normales. Esta diversidad de especies de bacterias con capacidades de fermentación diferentes es beneficiosa, y permite adaptarnos mejor a cambios en la composición de fibras y otros componentes de la dieta, según las circunstancias o incluso las estaciones del año. Estas bacterias pueden ser transmitidas de unas personas a otras, por lo que la flora de poblaciones enteras puede modificarse dependiendo de dichos cambios.

Los estudios han revelado también que las bacterias más beneficiosas de la flora son las estrictamente anaeróbicas, es decir, las que no son capaces de utilizar el oxígeno para conseguir energía metabólica. En otras palabras, estas bacterias obtienen energía obligatoriamente de los procesos de fermentación, y precisamente por ello nos resultan beneficiosas. Sin embargo, la flora intestinal contiene también bacterias anaeróbicas facultativas, es decir, bacterias que tienen la capacidad de conseguir energía por fermentación en ausencia de oxígeno, pero que son capaces de utilizar el oxígeno con preferencia si este se encuentra disponible, lo que conduce a que dejen de usar la fermentación como fuente de energía.

OXÍGENO PERJUDICIAL

Lo anterior suscita algunas preguntas obvias. Una de ellas es cómo sabe el sistema inmunitario qué bacterias son anaeróbicas y cuáles no, para permitir el crecimiento de las primeras, pero impedir el de las segundas. Otra pregunta obvia es cómo consigue el intestino un entorno carente de oxígeno y favorable a las bacterias anaeróbicas, cuando estamos respirando oxígeno a cada momento y este es transportado por la sangre a todos los tejidos, también al intestino.

Hoy comenzamos a poder responder estas preguntas, y las respuestas que se están encontrando pueden tener importantes repercusiones para nuestra salud. En primer lugar, no parece que el sistema inmunitario pueda distinguir entre las bacterias aeróbicas y las anaeróbicas. Esto conduce a la conclusión de que el intestino está principalmente poblado por bacterias anaeróbicas porque en su interior hay muy escaso nivel de oxígeno.

La manera en que el intestino, en particular el colon, mantiene tan bajo nivel de oxígeno no era conocida hasta hace muy poco. Estudios recientes han revelado que las células de la superficie del colon, en condiciones normales, consumen una enorme cantidad de oxígeno en su metabolismo. Este consumo de oxígeno es favorecido por algunos de los productos de fermentación producidos por las bacterias anaeróbicas, entre ellos el ácido butírico, similar al acido acético del vinagre, pero con dos átomos de carbono más. El ácido butírico es rápidamente catabolizado para obtener energía, lo que consume casi todo el oxígeno transportado al intestino por la sangre. Muy poco o nada llega a través del tuvo digestivo propiamente dicho. Esto consigue que el interior del colon posea menos de un 0,1% de oxígeno, en comparación con el 21% de oxígeno de la atmósfera. En esas condiciones asfixiantes solo los organismos anaerobios, obligados o facultativos, pueden vivir. Vemos que son los propios organismos anaerobios los que, con los productos de su metabolismo, facilitan que el oxígeno se excluya del interior del colon.

Lo anterior implica que cualquier cambio que afecte negativamente a las bacterias que producen acido butírico impedirá que el colon consuma tanto oxígeno y permitirá que este se acumule en su interior. Por ejemplo, un cambio radical de dieta, o un tratamiento con antibióticos, pueden afectar negativamente la generación de acido butírico por la flora. En estas condiciones, el oxígeno aumenta y los organismos anaeróbicos facultativos comienzan a utilizarlo, a dejar de usar la fermentación como fuente de energía, y a crecer a mayor velocidad, lo que acaba por conducir a un desequilibrio en la composición bacteriana de la flora intestinal.

Este nuevo conocimiento sobre la dinámica de la microbiota intestinal puede conducir a nuevos tratamientos para enfermedades causadas por un desequilibro de la flora mediante la restauración de un ambiente exento de oxígeno en el colon, lo cual, entre otras posibilidades, podría tal vez conseguirse de manera muy simple mediante la administración de ácido butírico. Habrá que esperar a nuevas investigaciones y ensayos clínicos para comprobar si esta posibilidad se convierte o no en una realidad.

Referencia: Y. Litvak et al., Colonocyte metabolism shapes the gut microbiota. *Science* 362, eaat9076 (2018). DOI: 10.1126/science.aat9076.

20 de enero de 2019

La estupidez de las armas inteligentes

De no poner remedio al curso actual de los acontecimientos, el futuro no es sostenible

Una de las curiosidades científicas que me ha preocupado desde la adolescencia es la soledad de la especie humana en el universo. ¿Por qué no existen otras civilizaciones ahí fuera que seamos capaces de detectar y con las que intentar comunicarnos? Mentes muy brillantes, incluidos algunos premios Nobel, como Enrico Fermi, han especulado sobre las razones de nuestra, por el momento, evidente soledad. Una de las causas que podrían explicar esta soledad sería la corta longevidad de las civilizaciones. Según esta idea, no es que no surjan civilizaciones en otros lugares del universo, es que no sobreviven el tiempo suficiente como para que su existencia coincida con la de otras. Las civilizaciones serían como fuegos artificiales, que se apagarían antes de que otros se encendieran.

Por supuesto, ignoramos si esto es así. Sin embargo, de ser así, al igual que los fuegos artificiales, las propias civilizaciones deberían llevar el germen de su autodestrucción, ya que es muy improbable que todas desaparezcan en un breve tiempo por otras causas, como eventos astronómicos catastróficos. Esto no es probable, considerando que el universo, al menos en ciertos lugares, parece ser lo suficientemente gentil como para permitir la aparición de vida y los miles de millones de años necesarios para que esta evolucione hacia una civilización.

Así pues, según esta idea, el propio desarrollo de las civilizaciones las conduciría a su muerte. ¿Es esto posible? Si miramos a nuestro alrededor y extrapolamos lo que está sucediendo en el planeta otros mil años en el futuro, creo que es meridianamente claro que, de no poner remedio al curso actual de los acontecimientos, el futuro no es sostenible. Calentamiento global, contaminación medioambiental generalizada, sobreexplotación de recursos, extinción masiva, perdida de biodiversidad, son factores bien reales hoy que pueden poner en serio peligro la continuación de nuestra civilización, e incluso de nuestra especie.

Sin embargo, no son solo estos riesgos los que nos amenazan. Nuestra propia naturaleza unida a la tecnología lleva implícita un riesgo de autodestrucción. Este peligro queda evidenciado por la carrera armamentística, que, a pesar de la discreción con que se trata su avance, sigue bien viva. El desarrollo de nuevas y más eficaces armas nunca se ha frenado en la historia de la Humanidad. La nueva amenaza armamentística la constituyen hoy las armas autónomas inteligentes, a las que podemos llamar robots soldado.

Los robots soldado han dejado de ser entes imaginados por la ciencia-ficción para convertirse en una inquietante realidad. Los impresionantes avances de la inteligencia artificial hacen hoy ya posible que robots inteligentes y autónomos tomen por ellos mismos decisiones de vida o muerte sobre los humanos. Paradójicamente, no parece que vaya a hacerse realidad la primera ley de la robótica, promulgada por el genial autor de novelas de ciencia-ficción Isaac Asimov, que reza: ningún robot hará daño a un ser humano o permitirá por su inacción que un ser humano sufra ningún mal. A diferencia de los robots, esta ley seguirá siendo ámbito exclusivo de la ciencia-ficción.

Rusia ya ha manifestado sus intenciones de deshumanizar (aún más) sus fuerzas armadas y sustituir un tercio de sus hombres por robots para el año 2025. Esto no es ya mañana, es dentro de un rato. La cosa parece más seria aún cuando sabemos que hace unos meses unos 2.400 investigadores en inteligencia artificial y unos cien laboratorios informáticos se han comprometido a no participar en el desarrollo de armas letales autónomas. Esto indica que este desarrollo es muy posible.

¿QUÉ INTELIGENCIA QUEREMOS?

Cuando hablamos de armas letales autónomas no nos estamos solo refiriendo a armas que toman decisiones de vida o muerte siguiendo un algoritmo, es decir, un programa informático que implementa un conjunto de reglas definidas, como las que también sigue, por ejemplo, una lavadora automática. No. Las armas letales autónomas pueden ser también armas no algorítmicas, es decir, armas capaces de aprender de su experiencia o de simulaciones de situaciones de guerra y, en base a ese aprendizaje, tomar sus propias decisiones sin supervisión humana, de acuerdo con la situación en la que se encuentren.

El asunto es, por tanto, grave. Ya hoy delegaciones de 88 países se reúnen dos veces por año en Ginebra para discutir sobre este asunto e intentar evitar que la situación se descontrole mediante la aprobación de tratados internacionales. Sin embargo, ni rusos ni estadounidenses, entre otras potencias, parecen inclinados a aprobar tratado alguno.

Y es que en el contexto de los conflictos actuales las armas robotizadas serían una ventaja. Evitarían muertes en el campo amigo, aunque las incrementaran en el enemigo; serían más rápidas y precisas que cualquier

18

humano y podrían combatir en condiciones inhumanas, sin sentir miedo o ansiedad a la hora de tomar decisiones. Sin embargo, estas armas podrían ser presa de habilidosos hackers enemigos que podrían inhabilitarlas o incluso programarlas para atacar el campo amigo.

Ante la inevitabilidad de su llegada, algunos abogan por dotar a las armas robotizadas de humanidad, de ética, e incluso de emociones. Esto sería técnicamente posible, pero no parece deseable si se pretende conseguir, precisamente, armas sin las debilidades humanas. Según algunos estudios, la mayoría de los soldados no disparan a matar en el campo de batalla y la mayoría de las muertes en las guerras son causadas por armas indiscriminadas, como la artillería, minas o bombas, armas que se utilizan sin que nadie vea directamente a las potenciales víctimas. No obstante, al menos sería deseable que los robots soldado fueran capaces de distinguir entre combatientes y civiles y entre combatientes agresivos y los que han decidido rendirse. Aún se está lejos de poder equipar a los robots con estas capacidades cognitivas, por lo que se levantan voces alarmadas advirtiendo de que el empleo de robots soldado conducirá a verdaderas carnicerías.

En mi humilde opinión, sería mucho más inteligente que la Humanidad dedicara sus recursos no a desarrollar armas inteligentes, lo que siempre será una mayúscula estupidez, sino a comprender mejor la naturaleza humana y a desarrollar una tecnología social para la paz, la justicia y la convivencia mundiales basada en ese conocimiento y no en posiciones meramente ideológicas, morales o religiosas que, a lo largo de la Historia, han demostrado su ineficacia para lograr estos fines. ¿Seremos lo suficientemente inteligentes como para intentarlo, o nuestra civilización desaparecerá antes?

Referencia: Science et Vie, décembre 2018.

27 de enero de 2019

OBESIDAD, SENESCENCIA Y ANSIEDAD

Todo acaba por envejecer, también los propios mecanismos de eliminación de células senescentes

Aunque algunos científicos de renombre comienzan a pensar que el envejecimiento es un proceso biológico que pronto quedará obsoleto y morirse pasará a ser solo una elección de mal gusto, otros creen que el envejecimiento es un proceso irreversible que irremediablemente nos conducirá a la muerte.

Sea como sea, la investigación reciente ha revelado que humanos y animales han desarrollado mecanismos para luchar contra el envejecimiento prematuro, lo que permite llegar a la edad de reproducción con ganas de reproducirse, menos mal. Uno de estos mecanismos recibe el paradójico nombre de senescencia celular.

La senescencia es un estado que impide que las células se reproduzcan. Este estado se alcanza en respuesta a los daños que la célula puede haber recibido a lo largo de su vida. Estos daños incluyen estrés oxidativo o disfunciones metabólicas, a consecuencia de las cuales las células no pueden generar suficiente energía para realizar adecuadamente los procesos vitales propios de una célula sana, entre ellos, la división celular.

Las células senescentes son una molestia para el resto de las células de un órgano, ya que, si se acumulan demasiadas, este no puede cumplir debidamente su función. Por esta razón, a lo largo de la evolución, aquellos organismos que han adquirido genes que les permitían desembarazarse mejor de sus células senescentes han sido los que más frecuentemente han transmitido sus genes a las siguientes generaciones. Lo que decía antes de las ganas de reproducirse.

La eliminación de las células senescentes requiere de la propia colaboración de estas. Las células senescentes producen una serie de proteínas que señalan su presencia al sistema inmunitario. En particular, estas proteínas atraen hacia ellas a los macrófagos, unas células fagocíticas capaces de "comerse" a las células senescentes. Las células senescentes así eliminadas dejan sitio en el órgano para que nuevas células, derivadas de células madre sanas, lo repueblen. El órgano mantiene así su funcionalidad por mucho más tiempo que si fuera imposible acabar con las células senescentes. La eliminación de las células senescentes también impide que estas se transformen en tumorales. Se ha comprobado que, si los mecanismos de eliminación de células senescentes fallan, es más probable que se desarrollen tumores.

Sin embargo, todo acaba por envejecer, también los propios mecanismos de eliminación de células senescentes. Cuando estos mecanismos no son tan eficaces como cuando el organismo era más joven, las células senescentes se acumulan en los órganos e impiden que estos lleven a cabo adecuadamente su función. No solo eso, sino que las células senescentes, al seguir atrayendo a los órganos a los macrófagos, generan un estado inflamatorio crónico que acaba por dañar incluso a las células vecinas sanas, lo que contribuye a acelerar la degeneración de los órganos.

En efecto, se ha observado un aumento con la edad de células senescentes en diferentes órganos, el cual está relacionado con enfermedades degenerativas propias del envejecimiento. Además, ciertas enfermedades neurodegenerativas, como la enfermedad de Parkinson, también están asociadas con acumulación de células senescentes. En ratones de laboratorio con ese tipo de enfermedades se ha comprobado que tratamientos capaces de disminuir esta acumulación mejoran el estado de su enfermedad.

OBEANSIEDAD

Estupendo, pero ¿qué tiene esto que ver con la obesidad y con la ansiedad?

Estudios recientes han demostrado que la obesidad es uno de los factores principales en el desarrollo de enfermedades mentales como la depresión y la ansiedad. Esto se ha observado tanto en ratones de laboratorio genéticamente propensos a convertirse en obesos, o alimentados con una dieta rica en grasas que les induce obesidad, como en personas obesas. Por qué y cómo la obesidad podría inducir o favorecer este tipo de enfermedades era desconocido.

No obstante, otro descubrimiento relativamente reciente es que la obesidad también conlleva la generación de un exceso de células senescentes. En este sentido, los obesos parecen envejecer más rápidamente que las personas delgadas. Puesto que las células senescentes en el cerebro están relacionadas con enfermedades neurodegenerativas, podría ser que, en los estadios iniciales de acumulación de células senescentes en dicho órgano, estas causaran enfermedades en principio menos graves, como la depresión y la ansiedad.

Un grupo de investigadores aborda el estudio de esta posibilidad en ratones de laboratorio modificados genéticamente de modo que puedan ser tratados con eficacia para eliminar sus células senescentes acumuladas en el cerebro. Los científicos encuentran que al alimentar estos ratones con una dieta rica en grasa e inducirles así obesidad, los animales desarrollan comportamientos propios de un estado de ansiedad cuya intensidad puede ser evaluada con pruebas concretas. El análisis de los cerebros de estos animales reveló que células senescentes con alto contenido en grasa se acumulaban en una región de este órgano llamada ventrículo lateral. Esta región se caracteriza por poseer la capacidad de generar nuevas neuronas, pero en estas condiciones de acumulación de células senescentes, inducidas por la obesidad, las nuevas neuronas no podían ser generadas.

Los científicos tratan entonces a los ratones para eliminar su exceso de células senescentes. Tras este tratamiento, comprueban que, a pesar de seguir igual de obesos que antes, los ratones disminuyen los comportamientos relacionados con la ansiedad y comprueban también que el ventrículo lateral puede generar neuronas nuevas. Es una prueba sólida de que la senescencia inducida por la obesidad es la causante de la ansiedad en estos animales.

El hecho de que las personas obesas desarrollen también problemas de ansiedad es una indicación importante de que algo similar puede suceder en sus cerebros. Una razón más para tomarnos en serio esa dieta y ese ejercicio que seguro conseguirá que nos sintamos más jóvenes y fuertes, sea cual sea nuestra edad.

Referencia: Ogrodnik et al., Obesity-Induced Cellular Senescence Drives Anxiety and Impairs Neurogenesis, Cell Metabolism (2018), https://doi.org/10.1016/j.cmet.2018.12.008

3 de febrero de 2019

UN SUEÑO QUE DESPIERTA A LAS DEFENSAS

Seguramente hemos tenido la oportunidad de comprobar que cuando caemos enfermos por una enfermedad infecciosa, como un catarro, la gripe o cualquier otro tipo de infección, tenemos tendencia a dormir más de lo normal y cuando estamos despiertos nos encontramos cansados y, a veces, sufrimos un estado de sopor. Probablemente habremos concluido que esta situación es causada por el microorganismo que nos causa la enfermedad. Sin embargo, lo que se va descubriendo indica que son las propias defensas del organismo, no los organismos infecciosos, las que causan sueño.

Algunos autores colocan el inicio de la investigación sobre el sueño en 1953, el mismo año en el que Watson y Crick descubrieron la estructura de la doble hélice del ADN. Ese año se descubrió que el sueño pasa por una fase de movimiento rápido de los ojos y que es un proceso activo regulado por el cerebro.

Si en los más de sesenta y cinco años transcurridos desde el descubrimiento de la estructura del ADN los avances en Biología Molecular han sido espeluznantes, hasta el punto de poder hoy incluso modificar nuestro genoma a voluntad, todavía no sabemos a ciencia cierta por qué pasamos dormidos nada menos que un tercio de nuestra vida. Tal vez no se trate solo de una razón, sino de varias, y esto sea lo que dificulta esclarecer este aún misterioso asunto.

Una de las razones que pueden contribuir a que el sueño sea imperativo es la necesidad de ahorrar recursos para defendernos. Estamos continuamente expuestos al ataque de microorganismos externos y solo los complejos y costosos mecanismos bioquímicos y celulares del sistema inmunitario los mantienen bajo control y permiten que sigamos con vida. El sueño posibilita un ahorro de recursos energéticos y dedicarlos más eficazmente para defendernos de la infección.

Hace solo unos treinta y cinco años se comenzó a explorar la relación entre el sistema inmunitario y el sistema nervioso y se descubrió que uno de los factores que relacionan a ambos es, en efecto, el sueño. Hoy ha quedado demostrado que la pérdida de sueño puede perjudicar a la función inmunitaria, por lo que dormir adecuadamente es importante para evitar la aparición de enfermedades. Recíprocamente, cuando las defensas se encuentran exigidas luchando contra una infección, el patrón de sueño se altera y solemos dormir más tiempo de lo normal.

25

Para los microrganismos y las especies a las que infectan, el sueño es un factor de conflicto. Al microrganismo no le interesa que el sujeto infectado duerma, sino que esté despierto y activo y aumente así las posibilidades de contagiar a otros. Sin embargo, la especie infectada se beneficia si los sujetos enfermos se mantienen en un estado de sopor que alerte a los demás de la enfermedad y minimice las posibilidades de contagio. Tiene pues cierto sentido evolutivo para la supervivencia de las especies que las infecciones estimulen el sueño.

MOSCAS Y GENES

Los estudios realizados indican que ciertas sustancias producidas por el sistema inmunitario para activar los mecanismos que atacan a los microrganismos también actúan sobre el sistema nervioso e inducen sueño. Estas sustancias también producen fiebre, la cual ejerce una función aceleradora de la respuesta inmunitaria. Así pues, fiebre y sueño parecen estar ambos unidos en acelerar la recuperación de una enfermedad infecciosa, aunque la relación exacta entre ambos fenómenos, fiebre y somnolencia, en la lucha contra las infecciones aún está por ser definitivamente demostrada.

En todo caso, el sistema inmunitario de los animales lleva luchando contra las amenazas de los microrganismos cientos de millones de años. Además, todos los animales, desde insectos a mamíferos, duermen. Si el sueño es importante para defendernos de las infecciones, la relación entre sueño y defensas debería observarse en animales tan primitivos como los insectos. Es más, esta relación debería depender del funcionamiento de uno o más genes concretos, los cuales deberían probablemente participar tanto en la inducción del sueño como en la estimulación de las defensas. ¿Existe un gen así? Nadie lo sabía y, además, nadie lo estaba buscando, pero un grupo de investigadores se acaba de topar con él.

Los científicos estaban interesados en identificar nuevos genes reguladores del sueño en moscas de laboratorio. Para hacerlo, introdujeron uno por uno más de 8.000 genes en el genoma de las moscas de manera que estos funcionaran solo en las neuronas. Consiguieron así 12.198 "razas" nuevas de moscas, cada una con un gen o una variante de este, y estudiaron su comportamiento con respecto al sueño. Encontraron que solo uno de los más de ocho mil genes inducía sueño. Llamaron a este gen *Nemuri*, palabra que en japonés significa sueño. Cuando el gen se estimulaba para que funcionara en exceso, las moscas entraban en un estado de sopor del que no era fácil sacarlas. En cambio, si el gen era inactivado, las moscas tenían dificultad para dormir y cuando lo conseguían era fácil despertarlas.

Los científicos analizaron qué proteína era la que producía el gen y a qué se parecía. Aquí fue cuando se dieron cuenta con sorpresa de que esta proteína era muy pequeña (las proteínas muy pequeñas se llaman péptidos) y muy parecida a los péptidos antibacterianos producidos por células del sistema inmunitario de los mamíferos. Estos péptidos pueden introducirse en la pared de las bacterias y formar en ellas poros por los que se produce una penetración de líquido del exterior que acaba por hinchar a la bacteria y hacerla explotar, matándola. Los investigadores analizaron si el péptido *Nemuri* era también capaz de matar a las bacterias y comprobaron que así era. Además, si infectaban a moscas normales con bacterias, este gen se activaba y les inducía sueño.

Estos estudios desvelan por primera vez la existencia de un gen que participa en la regulación del sueño y en la actividad defensiva cuando se produce una infección y abren la puerta a la búsqueda de genes similares en animales y humanos, en los que, por el momento, no se han encontrado. Tal vez esta búsqueda permita desvelar nuevas maneras de vencer a las infecciones, y al insomnio.

Referencia: Hirofumi Toda el al. A sleep-inducing gene, nemuri, links sleep and immune function in Drosophila. Science, VOL 363, ISSUE 6426 (2019).

10 de febrero de 2019

GENES ANTIOBESIDAD

Hace unos días la portada del diario la Tribuna de Albacete nos advertía que la proporción de obesos en Castilla-La Mancha había alcanzado el 24%. La noticia no me sorprendió demasiado, aunque sí fue una agradable sorpresa que, con la que está cayendo en el mundo todos los días, la obesidad fuese noticia de portada. Esto en sí mismo era ya una buena noticia, porque es muy necesario advertir hoy a la ciudadanía de los problemas reales que afectan a la vida y a la salud, y la obesidad es uno de ellos.

No hay duda de que la epidemia de obesidad creciente que sufre el mundo supuestamente desarrollado se debe a los cambios a los que nos ha forzado o impulsado la vida moderna. Cuando nuestra especie vivía en aldeas y chozas y tenía que trabajar muy duro cada día para conseguir alimento, el número de obesos, si había alguno, era insignificante. Hoy, la situación es muy diferente, ya que la proporción de personas obesas o con sobrepeso es muy elevada y, además, estas suelen ser gente más bien de bajo nivel socioeconómico.

Sin embargo, aunque en los países desarrollados los cambios en el modo de vida de las personas son prácticamente universales, no todo el mundo se convierte en obeso. Numerosas personas resisten el embate de su entorno y siguen siendo delgadas. Muchas de estas lo consiguen porque moderan su apetito y no comen todo lo que desearían, o lo comen, pero queman el exceso de calorías consumidas mediante actividad física. Aún otras, en cambio, parecen no tener hambre nunca, y comen solo lo necesario para mantenerse en buena salud. No obstante, algunas personas parecen ser completamente inmunes al entorno de la "hipercaloría" fácil en el que la mayoría vivimos y pueden comer en gran cantidad y prácticamente lo que deseen sin engordar.

Este estado de cosas reveló que, puesto que el entorno es similar, las diferencias entre obesos y no obesos deberían encontrarse en los genes. Son estos los principales responsables de las diferencias entre las personas cuando estas se desarrollan y viven en un entorno similar. Estudios genéticos realizados en familias con hijos gemelos, cuyo genoma es virtualmente idéntico, o hijos adoptados, que difieren mucho mas en sus genomas, han revelado de manera consistente que entre el 40 y el 70% de la variación en el peso corporal es debida a diferencias en algunos de los genes que heredamos.

Como consecuencia de esta revelación, estudios subsiguientes se enfocaron en averiguar qué genes concretos eran los responsables de la susceptibilidad a desarrollar obesidad. Para ello, se compararon los genomas de personas obesas y personas de peso normal. Hasta la fecha los múltiples estudios realizados han conseguido identificar más de 250 genes implicados.

Además, estudios realizados con personas extremadamente obesas han revelado que muchas de ellas poseen variantes raras de genes cuya influencia es muy importante para desarrollar la obesidad. Estos genes afectan a mecanismos moleculares del metabolismo o a mecanismos neuronales del control del apetito que son fundamentales para conseguir el deseado equilibrio entre las calorías ingeridas y las calorías gastadas, que es lo que consigue que el peso corporal no varíe significativamente a lo largo de los años.

GENES QUE NOS HACEN DELGADOS

Los hallazgos anteriores han proporcionado una enorme cantidad de información sobre las moléculas producidas por esos genes que podrían ser objeto de manipulación terapéutica con uno u otro fármaco. Aunque la investigación es intensa, porque hay mucho dinero, y también mucha salud, en juego, todavía queda un largo camino que recorrer para conseguir manipular nuestro metabolismo y apetito de manera segura y saludable.

Una parte de ese camino es averiguar no ya los genes que pueden causar obesidad, sino los que pueden causar delgadez. Esto es importante porque es posible que algunos genes diferentes de los que afectan al desarrollo de la obesidad influyan activamente sobre la delgadez. En este caso, variantes menos funcionales de estos genes podrían hacernos menos delgados, pero no obesos. Es claro que algunos de estos genes deberían ejercer un efecto opuesto, y por mecanismos moleculares diferentes, a los genes que afectan a la obesidad.

Sin embargo, hasta la fecha no se había realizado un estudio genético en busca de genes que afectan a la delgadez, y eso a pesar de que algunos trabajos sí habían demostrado que la delgadez, como la obesidad, tiene un fuerte componente genético. Por ejemplo, un amplio estudio realizado en el Reino Unido con 7.078 niños y adolescentes encontró que era muy improbable que los hijos sufrieran de sobrepeso si ambos de sus padres eran delgados, lo que indicaba la presencia de un componente genético.

Ahora, investigadores de la Universidad de Cambridge llevan a cabo un estudio genético en el que estudian a 1.622 personas persistentemente delgadas y sanas y comparan sus genomas con los de 1.985 casos de obesidad temprana en niños, así como con 10.433 personas de la población utilizadas como control. La idea de este de estudio era que comparar casos de delgadez extrema con los de obesidad extrema puede revelar con mayor probabilidad la existencia de genes implicados en la delgadez. Es claro que, de existir, las variantes de genes que activamente influyen sobre la delgadez deberían estar presentes en la población de personas delgadas, pero no estarlo en la población de obesos.

Los resultados de este estudio revelan, en efecto, nuevos genes implicados en la delgadez y que protegen, por tanto, de la obesidad. Los científicos concluyen que estas dos características se sitúan en los extremos de un continuo genético que es, en gran medida, el responsable del peso corporal de cada uno en el entrono en que viva.

Así pues, la obesidad, el sobrepeso o la delgadez de cada cual en un mismo entorno alimenticio dependen fuertemente del subconjunto de genes heredado de nuestros padres que controlan estas características. Estudios como este, que contribuyen a la identificación de esos genes, ayudan a que en el futuro se puedan desarrollar medicamentos para que todos gocemos de un peso normal y saludable.

Referencia: Riveros-McKay F, Mistry V, Bounds R, Hendricks A, Keogh JM, Thomas H, et al. (2019). Genetic architecture of human thinness compared to severe obesity. PLoS Genet 15(1): e1007603. https://doi.org/10.1371/journal.pgen.1007603

17 de febrero de 2019

CRISPR CONTRA LAS BACTERIAS

Los investigadores han modificado el sistema CRISPR de manera que pueda ser utilizado en bacterias para afectar el funcionamiento de sus genes

A finales de 2018, una sorprendente noticia sobresaltó a buena parte del mundo: un científico chino, de la Universidad de Ciencia y Tecnología de Shenzhen del Sur, afirmó haber generado dos niñas gemelas con el genoma modificado gracias a la tecnología de edición de ADN llamada CRISPR (léase crísper). Los embriones que luego dieron lugar a las niñas habían sido modificados con esta técnica de modo que el gen *CCR5* había sido mutado. Esta mutación convertía a las niñas en inmunes frente a la potencial infección por el virus VIH causante del SIDA. Se trataba de un primer paso que abría la inquietante posibilidad de la edición sencilla del genoma humano con diversos fines, terapéuticos, de mejora genética, o incluso militares.

Recordemos que la técnica CRISPR deriva del descubrimiento de un sistema molecular inmunitario de las bacterias. Estas son atacadas por virus llamados bacteriófagos, que las infectan y las matan en el procedo de su reproducción. Para defenderse, muchas bacterias han desarrollado durante su evolución, un sistema que "roba" el ADN de un bacteriófago que ha infectado a la bacteria, pero que, por diversas razones, no ha conseguido reproducirse con éxito en su interior. Este ADN robado es incorporado en el genoma de la bacteria y utilizado para generar un ARN complementario, como normalmente sucede con el ADN de los genes. En otras palabras, las bacterias construyen un gen nuevo con el ADN robado al virus, y se lo guardar para defenderse.

El ARN complementario al ADN del virus es captado por un enzima de la bacteria: el enzima Cas. Este enzima en un destructor de ADN y, por consiguiente, un destructor de información genética. En caso de que otro virus de la misma especie vuelva a intentar infectar a la bacteria y a introducirle su ADN, el ARN unido a Cas permite a este enzima encontrar al ADN del virus y destruirlo. Cuántos más bacteriófagos diferentes hayan intentado infectar a la bacteria sin éxito, más inmune será la bacteria frente a ellos.

Este sistema inmunitario bacteriano ha sido modificado en el laboratorio para permitir su empleo en células animales. Esta modificación permite que un enzima Cas guíe a un ARN complementario hasta el gen que queramos modificar. El enzima Cas corta entonces el cromosoma en ese gen.

33

Un cromosoma cortado puede resultar mortal para la célula, razón por la cual, a lo largo de la evolución, las células animales han desarrollado sofisticados mecanismos de reparación del ADN roto. Uno de estos mecanismos simplemente une como puede el ADN introduciendo "letras de ADN" entre los extremos rotos del cromosoma para pegarlos. Este mecanismo suele introducir mutaciones al azar en el gen, que lo inutilizan. Otro de estos mecanismos, en cambio, repara el ADN mediante la sustitución de la región dañada por una copia de la región sana del otro cromosoma. Este proceso puede ser utilizado por los científicos para sustituir una región de un gen por otra de diseño, que se introduce en la célula al mismo tiempo que el enzima Cas y el ARN complementario del gen que se desea modificar.

GENES SILENCIADOS

La tecnología CRISPR es tan poderosa para editar el ADN que ha atraído la atención de numerosos grupos de investigación. Muchas de las mentes más brillantes en el área de la biología molecular han dedicado sus esfuerzos a estudiar esta tecnología y a mejorarla para permitir su utilización en otros escenarios diferentes de los de la mera edición del ADN, por ejemplo, modificando el funcionamiento de los genes.

Las bacterias no poseen dos copias de sus genes, como sucede en las células de los animales, por lo que, si destruimos un gen esencial, la bacteria muere. Esta situación impide averiguar en qué contextos el gen es más necesario. Por ejemplo, si queremos averiguar si un gen esencial para la vida de la bacteria afecta a su resistencia a un antibiótico, no podemos destruirlo, porque la bacteria morirá y ya no habrá nada que podamos estudiar con ella. Sería mucho mejor poder disminuir el nivel de funcionamiento del gen manteniendo así aún viva a la bacteria, para ver si al tratarla con el antibiótico que sea esta se convierte o no en más sensible al mismo.

Recientemente, un numeroso grupo de investigadores de varias universidades estadounidenses han generado una modificación del sistema CRISPR que permite afectar al funcionamiento de genes esenciales de las bacterias sin matarlas, y poder estudiar así mejor su función. Para ello, han conseguido una variante de enzima Cas que junto con un ARN complementario a un gen bacteriano puede unirse al mismo, pero sin cortarlo, es decir, sin destruirlo. La unión del ARN y del enzima Cas no cortante impide, sin embargo, el funcionamiento del gen en mayor o menor medida, por lo que la bacteria no puede tenerlo funcionando al cien por cien. Esta disminución del funcionamiento génico puede hacerse con un gen o con varios al mismo tiempo, simplemente añadiendo al sistema ARNs complementarios de los genes cuyo funcionamiento pretendamos disminuir.

Con el funcionamiento de uno o varios genes disminuido, podemos ahora analizar si estos afectan a la sensibilidad de una bacteria a un antibiótico frente al cual es resistente. De ser esto lo que suceda, se podría pasar a intentar afectar esos genes con nuevos fármacos que bloqueen su funcionamiento, aunque solo sea de modo parcial, lo que podría convertir a la bacteria resistente en sensible al antibiótico. El sistema permite, además, ser transferido de bacteria en bacteria para poder estudiar con facilidad numerosas especies de estos microorganismos.

CRISPR y sus variantes se ha revelado como la técnica más poderosa de edición y también de modificación del funcionamiento de los genes. Su empleo está iniciando una nueva era en el estudio del genoma, y también abriendo lo que hasta hace muy poco no eran sino inimaginables posibilidades para la edición de genomas de plantas, animales, y también del ser humano. Convendría estar atentos a lo que va sucediendo con ella.

Referencias: (1) Jason M. Peters et al. Enabling genetic analysis of diverse bacteria with Mobile-CRISPRi. Nature microbiology 2019. https://www.nature.com/articles/s41564-018-0327-z
(2) http://cienciaes.com/entrevistas/2016/03/03/crispr-con-jorge-laborda/

24 de febrero de 2019

LOS ILIMITADOS BENEFICIOS DEL EJERCICIO FÍSICO

Numerosos estudios clínicos han mostrado que el ejercicio físico es beneficioso para nuestra salud. Además, disciplinas científicas como la biología evolutiva también están desvelando por qué, de entre todos los homínidos, el ser humano es el único que necesita hacer ejercicio regularmente para mantenerse perfectamente sano. A diferencia de lo que nos sucede a los humanos, ni chimpancés, bonobos, gorilas u orangutanes necesitan salir a caminar o a correr varios kilómetros todos los días para evitar contraer enfermedades propias de la falta de ejercicio adecuado. Estas son graves e incluyen las enfermedades cardiovasculares, la diabetes, la obesidad, la hipertensión, el ictus y el cáncer.

La razón de esta, para muchos, molesta necesidad de hacer ejercicio radica en nuestra historia evolutiva y en los cambios que nuestra fisiología tuvo que sufrir para adaptarse desde la plácida vida sobre las copas de los árboles a tener que correr detrás de una presa o, peor, delante de un predador, en la sabana africana. El ser humano adquirió entonces una resistencia física inusitada, que le permite, una vez entrenado, correr decenas de kilómetros, como sucede en cada maratón. Ningún otro animal puede correr esa distancia sin parar.

Sea como sea, las pruebas acumuladas hoy indican con claridad que el ejercicio no solo es beneficioso para nuestro sistema cardiovascular, sino también para el sistema inmune y el sistema nervioso, entre otros. Hacer ejercicio con regularidad, sobre todo si este es vigoroso y va más allá de una mera caminata, mantiene nuestras defensas en buen estado, disminuye la probabilidad de que contraigamos enfermedades infecciosas, como catarros y gripe, y también mantiene elevado nuestro estado de ánimo, al disminuir el nivel de estrés e impedir la depresión.

Sin embargo, a pesar de los innumerables e indudables beneficios del ejercicio físico, recientemente algunos estudios han dado la alarma sobre la posibilidad de un efecto deletéreo de los excesos del ejercicio físico. Estos estudios se han enfocado en la actividad física realizada por atletas y deportistas de élite, la cual, en efecto, podría ser excesiva y causar daño al organismo.

Se ha comprobado que el esfuerzo al que se somete al corazón durante el ejercicio vigoroso produce modificaciones en este órgano. El volumen de aurículas y ventrículos aumenta, la masa del músculo cardiaco ventricular se incrementa, y la frecuencia cardiaca en reposo disminuye. Estas modificaciones no son necesariamente perjudiciales y son, además, reversibles. Sin embargo, nueva evidencia ha encontrado en algunos casos una asociación entre el ejercicio vigoroso al nivel que realizan los atletas y determinadas patologías cardiovasculares, que incluyen la fibrilación cardiaca, calcificación de arterias coronarias, fibrosis del miocardio y dilatación de la aorta.

EJERCICIO SIEMPRE SALUDABLE

Estos nuevos datos han conducido a algunos investigadores a proponer que existe un máximo de actividad física saludable que de ser sobrepasado ya no produce beneficios adicionales y puede conducir incluso a la enfermedad, al menos a la enfermedad cardiovascular. Sin embargo, estas investigaciones sufrían del importante problema de que se basaban en informes personales sobre el estilo de vida y la actividad física que cada cual realizaba. Estos informes personales suelen estar sesgados, por lo que no son una fuente fiable de información sobre la que extraer conclusiones acerca de una posible relación causa-efecto. Es necesario adquirir datos que no dependan de la subjetividad de cada uno.

Un grupo de médicos realiza ahora un análisis de los datos obtenidos de 122.007 pacientes que fueron sometidos, desde 1991 a 2014, a una prueba de esfuerzo como parte de su diagnóstico o seguimiento de su tratamiento. Esta prueba se realiza en una cinta mecánica y determina la capacidad cardiorrespiratoria (CCR) durante el ejercicio físico. La CCR está directamente relacionada con la forma física de cada uno a la hora de hacer la prueba, la cual depende de la cantidad de ejercicio que se viene realizando de forma habitual. Por tanto, su medida objetiva es una medida también de la cantidad de ejercicio realizado.

La evolución de la forma física de los pacientes fue seguida por un periodo medio de 8,4 años. Durante ese tiempo, se produjeron 11.367 muertes por cualquier causa. La pregunta que se hicieron los científicos fue si había un punto en el valor de la CCR a partir del cual la mortalidad aumentaba. De ser esto así, indicaría que una cantidad de ejercicio superior a un valor umbral sería perjudicial, incluso si seguía siendo beneficiosa para la actividad cardiovascular.

Los resultados de este estudio no indicaron esto, sino todo lo contrario. Los pacientes clasificados como grupo superior, que fueron aquellos con una CCR en valores mayores al 97,7% de los de la población estudiada, mostraron una reducción de la mortalidad, independientemente del sexo y de la edad, de un, atención, 500% con respecto a los pacientes con valores de CCR en el

25% inferior. Esta disminución de la mortalidad es la mayor observada jamás en ningún estudio clínico, lo que indica la enorme influencia del ejercicio para la salud. De hecho, un bajo valor de CCR debido a falta de ejercicio se reveló tan perjudicial como fumar o como sufrir diabetes. Por el contrario, los valores más elevados de CCR fueron los que se vieron asociados en todo caso a una menor mortalidad.

Este estudio aporta evidencia bastante convincente en favor de que no parece haber una cantidad de ejercicio superior a la cual este comience a ser perjudicial, y si la hubiera, esta está muy alejada de la cantidad de ejercicio que las personas podemos realizar habitualmente, a menos, tal vez, que seamos atletas de elite y dediquemos nuestra vida al deporte. El ejercicio se confirma, por consiguiente, como una actividad que, si cada cual hiciera vigorosamente y con regularidad, probablemente permitiría disminuir significativamente los gastos sanitarios y de dependencia, además de conducirnos a vivir vidas más sanas, más felices y largas.

Referencia: Kyle Mandsager et al. Association of Cardiorespiratory Fitness With Long-term Mortality Among Adults Undergoing Exercise Treadmill Testing. JAMA Network Open. 2018;1(6):e183605. doi:10.1001/jamanetworkopen.2018.3605.

3 de marzo de 2019

Alentando una mejor nutrición infantil

Entre las diferencias encontradas en la leche materna y las fórmulas nutritivas se encuentra la talla de los glóbulos de grasa

Sustituir la leche humana con una u otra fórmula láctea se ha usado desde hace décadas como alternativa o complemento de aquella. No obstante, no se ha conseguido aún fórmula alguna que posea las mismas propiedades nutritivas que la leche humana y aporte al bebé los mismos beneficios que esta. Hasta el momento, la leche humana sigue siendo superior para la nutrición de los recién nacidos a cualquier fórmula que la ciencia haya producido.

Sin tener en cuenta la protección inmunitaria que la leche humana confiere a los bebés, gracias a los anticuerpos de la madre secretados en la leche, la composición nutritiva de esta y la forma en que los nutrientes están disueltos y emulsionados parece ser la mejor que la Naturaleza ha producido para nuestro crecimiento una vez en este mundo. Además, la composición de la leche fluctúa con el tiempo tras el nacimiento del bebé, dependiendo de cambios en la dieta de la madre que esta puede adoptar de manera inconsciente, tal vez siguiendo dictados de su fisiología para conseguir la mejor alimentación para el bebé a lo largo de su desarrollo.

Una adecuada alimentación durante la infancia temprana no solo afecta al desarrollo correcto de órganos tan importantes como el cerebro (los niños alimentados con leche materna tienen un coeficiente intelectual medio superior al de los niños alimentados con fórmula), sino que puede ejercer un efecto sobre la fisiología y el metabolismo el resto de la vida. Nuestra susceptibilidad a desarrollar enfermedades, como la obesidad, la diabetes, enfermedades cardiovasculares, o incluso el cáncer, depende en parte de la alimentación recibida tras el nacimiento.

Entre las diferencias encontradas en la leche materna y las fórmulas nutritivas se halla el tamaño de los glóbulos de grasa de las unas y la otra. La leche humana posee glóbulos de grasa de dos a diez veces mayores que los de las fórmulas lácteas, una vez estas se han reconstituido con la cantidad adecuada de agua para preparar el biberón. Además, los glóbulos de grasa de las fórmulas lácteas no contienen la capa externa de fosfolípidos (grasas que contienen fosfato y que son fundamentales en la composición de las membranas celulares) que es propia de los glóbulos de la leche materna.

Nuevas fórmulas

La talla de los glóbulos de grasa modifica la digestibilidad de la leche, el tiempo que esta pasa en el estómago antes de entrar al intestino, y afecta al metabolismo de los triglicéridos. Se sabe que los glóbulos de grasa de mayor tamaño son liberados del estómago en menor tiempo, lo que resulta en que las grasas sean absorbidas antes por el intestino y el nivel de triglicéridos en la sangre sea mayor tras la ingestión de leche que tras la ingestión de fórmula.

Estudios realizados en ratas de laboratorio indican que la diferente dinámica de absorción de grasas afecta a cómo los triglicéridos son utilizados. Los triglicéridos de glóbulos grandes y que aparecen rápidamente en la sangre son principalmente utilizados para generar energía metabólica, y no para su almacenamiento como grasas en el tejido adiposo. Al contrario, los glóbulos grasos pequeños tardan más tiempo en pasar del estómago al intestino, más tiempo en ser absorbidos y pasar a la sangre y los triglicéridos son entonces preferentemente utilizados para su almacenamiento. En otras palabras, el tamaño de los glóbulos grasos de la leche materna sería un factor que protegería del desarrollo de la obesidad infantil.

Se sabe hoy que la alimentación recibida los primeros días tras el nacimiento puede ser determinante para la fisiología del organismo adulto. Una ganancia de peso demasiado rápida en niños de corta edad se ha visto relacionada con la obesidad en la edad adulta. Por esta razón, podría ser fundamental conseguir fórmulas lácteas infantiles no ya que cuenten con los componentes nutritivos adecuados, sino también con la forma adecuada de estos para conseguir una dinámica correcta de su digestión y absorción.

Por estas razones, se ha elaborado una nueva fórmula láctea con glóbulos grasos de talla y composición similares a los de la leche humana. Esta nueva formula, bautizada con el nombre de Nuturis, está siendo investigada en animales de laboratorio para analizar sus efectos. Por el momento, sabemos ya que ratones de laboratorio recién nacidos alimentados con ella son protegidos en la vida adulta del desarrollo de la obesidad inducida por dietas muy ricas en grasa, como es el caso de tantas dietas propias del mundo occidental.

Las investigaciones se están realizando también en el ser humano, y se ha comenzado con un estudio en el que la fórmula ha sido administrada a adultos varones sanos voluntarios, en los que se han investigado los efectos de esta fórmula en la digestibilidad y metabolismo inmediato solo cuatro horas tras su ingesta. Para ello, se han analizado los compuestos volátiles presentes en el aliento de esos voluntarios (la mitad alimentados con formula clásica y la otra mitad con Nuturis). Los resultados indican que existen importantes diferencias en ciertos compuestos volátiles presentes en el aliento. Estas diferencias pueden provenir del metabolismo de los nutrientes por el organismo propiamente dicho, o por la flora intestinal, que produce compuestos volátiles que pueden pasar a la sangre y de ahí al aliento.

Este estudio es sobre todo una prueba de que los efectos de diferentes fórmulas lácteas pueden detectarse de manera relativamente sencilla y, sobre todo, indolora y segura, estudiando los compuestos presentes en el aliento. Esto permitirá estudiar los efectos de esta fórmula sobre el metabolismo en bebés. Si estos estudios conducen a una mejor alimentación y protección de la obesidad y otras enfermedades habrán, sin duda, contribuido de manera importante al futuro de la Humanidad.

Referencia: A. Smolinska et al. Comparing patterns of volatile organic compounds exhaled in breath after consumption of two infant formulae with a different lipid structure: a randomized trial. Scientific Reports, vol 9, Article number: 554 (2019).

10 de marzo de 2019

FLORA ANTIDEPRESIVA

Los trabajos condujeron al sorprendente hallazgo de que el nutriente esencial fabricado por B. fragilis era el ácido gamma-aminobutírico

Las investigaciones de los últimos años han desvelado que la microbiota, más conocida como flora intestinal, es en la práctica otro órgano más de nuestro organismo, que afecta a funciones y sistemas muy importantes, como el sistema inmunitario y el sistema nervioso. A pesar del indudable progreso realizado, una seria dificultad para avanzar más fácilmente en la investigación de la microbiota es que la mayoría de las bacterias de esta no pueden ser crecidas en el laboratorio, es decir, no pueden ser cultivadas fuera del intestino. Esto implica que no podemos generar en una placa de cultivo que contenga un medio nutritivo un número suficiente de estas bacterias, lo que, de hecho, impide investigar sobre ellas.

La razón por la que numerosas bacterias de la flora no pueden ser cultivadas es que muchas de ellas no solo viven en simbiosis con nosotros, sino también en simbiosis con otras bacterias de la microbiota. Esto quiere decir que necesitan de esas otras bacterias para recibir nutrientes esenciales que ellas fabrican y secretan al medio exterior. Identificar cuáles son los nutrientes que las diferentes especies de bacterias necesitan es, por tanto, indispensable para poder cultivarlas y estudiarlas en el laboratorio.

Identificar estos nutrientes no es fácil, pero una manera de conseguirlo es intentar cultivar sobre una placa de cultivo, con un medio nutritivo estándar, no una sino varias especies de bacterias de la flora al mismo tiempo. Si tenemos suerte, es posible que una de las especies que puedan crecer en ese medio produzca el o los nutrientes que otras necesitan, pero de los que el medio nutritivo carece. Si esto es así, estas segundas bacterias crecerán más despacio y siempre después y alrededor de las primeras, solo cuando estas hayan tenido tiempo de producir suficiente cantidad de nutriente para ellas. Esto permitirá identificar y cultivar a las bacterias productoras del nutriente que las bacterias no cultivables necesitan, identificar dicho nutriente, y añadirlo al medio de crecimiento de las bacterias no cultivables, lo que conducirá a que puedan ahora crecer y ser cultivadas en presencia de ese nutriente.

Utilizando este procedimiento, se pudo identificar que una de las clases de nutrientes esenciales para algunas bacterias del intestino son las quinonas,

45

una familia de moléculas derivada del hidrocarburo benceno. Este tipo de moléculas no suelen ser nutrientes esenciales para otros organismos, lo que indica que los nutrientes esenciales para algunas de las bacterias del intestino pueden ser moléculas extrañas.

A pesar del descubrimiento anterior, todavía quedaban muchas especies de bacterias no cultivables en la microbiota. De hecho, muchas de estas han sido catalogadas en una lista como las bacterias más buscadas, porque son bacterias muy frecuentes en la microbiota que, sin embargo, no crecen fuera de ella. Por esta razón, el mismo grupo de investigadores que había descubierto que las quinonas eran nutrientes bacterianos decidió seguir aplicando el procedimiento anterior para identificar otros nutrientes que permitan cultivar nuevas especies de bacterias de la flora.

¿FELICIDAD BACTERIANA?

Su trabajo permitió identificar a una bacteria, llamada *Bacteroides fragilis*, que producía, al menos, una sustancia capaz de permitir el crecimiento de otra especie de bacteria a su alrededor. Por ello, se preparó un gran frasco de cultivo de *B. fragilis* y dos días después se usó el medio líquido en el que crecían para averiguar si la otra especie de bacteria podría crecer sola en él. Este medio de cultivo debería contener el nutriente que *B. fragilis* fabricaba y permitir el crecimiento de la otra bacteria, y esto fue lo que sucedió.

Una vez comprobado que *B. frágilis* fabricaba un nutriente y que lo expulsaba al medio donde crecía, se utilizó este medio para realizar análisis químicos encaminados a identificarlo. Los trabajos condujeron al sorprendente hallazgo de que el nutriente esencial fabricado por *B. fragilis* era el ácido gamma-amino butírico, más conocido en las esferas científicas como GABA, una molécula derivada del butano que, curiosamente, es un importantísimo neurotransmisor también producido por algunas neuronas y fundamental para el funcionamiento de ciertas sinapsis. Los científicos son capaces de averiguar que, además de *B. fragilis*, otras bacterias de la flora también producen GABA y lo secretan al exterior.

El hallazgo anterior sugería que, al producir GABA, algunas bacterias de la flora podían afectar al funcionamiento de ciertos circuitos neuronales cuyas sinapsis dependen de este neurotransmisor. De hecho, estudios anteriores en ratones de laboratorio mostraron que si tratamos con antibióticos a estos animales los niveles de GABA en la sangre disminuyen. Igualmente, ratones criados en condiciones de esterilidad de manera que carecen de flora intestinal también muestran menores niveles de GABA.

Bajos niveles de GABA se han visto asociados a importantes enfermedades del sistema nervioso, en particular a la depresión. Por esta razón, los investigadores estudian si pacientes afectados de esta enfermedad podrían tener bajos niveles de bacterias productoras de GABA en su flora intestinal. Para ello, recogen muestras de heces de 23 pacientes diagnosticados con depresión severa y analizan la proporción de bacterias productoras de GABA que se encuentran en ellas. Los pacientes son también sometidos a una resonancia magnética funcional de sus cerebros para analizar la actividad de zonas cerebrales bien conocidas implicadas en la depresión. Los resultados de estos estudios revelan una clara asociación entre la proporción de bacterias productoras de GABA y la actividad de estas zonas cerebrales, lo que sugiere que las bacterias de nuestra flora pueden ser un factor muy importante para nuestro estado de ánimo y salud mental.

Es pronto para poder afirmarlo, pero es posible que en el futuro la felicidad dependa en parte de tomar alimentos probióticos, como el yogur, eso sí, debidamente suplementados con las especies de bacterias más marchosas. ¿Quién lo hubiese podido imaginar hace solo unos años?

Referencia: Philip Strandwitz et al (2019). GABA-modulating bacteria of the human gut microbiota. Nature Microbiology, https://doi.org/10.1038/s41564-018-0307-3

17 de marzo de 2019

MADRES, NICOTINA Y SALUD

Un grupo de investigadores han generado cuerpos embrioides y los han sometido a la presencia de nicotina durante veintiún días

Debo confesar que a una persona que ha dedicado parte de su energía a la divulgación científica y a comunicar a los demás por diversos medios los avances de la ciencia, se le hace particularmente duro comprobar que la mayoría de la gente vive como si la ciencia no existiera. No quiero decir con esto que la ciencia no afecte a la vida cotidiana. De hecho, nadie en un país moderno puede escapar a su influencia. La hija de la ciencia, la tecnología, invade la vida de todos, sin remedio. Sin embargo, muchos conocimientos científicos que no se traducen en avances tecnológicos son desestimados, particularmente cuando contradicen nuestros intereses, nuestras creencias implantadas (y rara vez argumentadas) en la infancia, o nuestras pulsiones básicas.

Un ejemplo de que muchas personas viven como si la ciencia no existiera lo tenemos en los fumadores y, en particular, en las fumadoras embarazadas. Numerosos estudios desde hace ya varias décadas han dejado claro que fumar durante el embarazo supone un serio riesgo: aumenta el peligro de aborto, impide el crecimiento normal del feto e incrementa la probabilidad de un nacimiento prematuro. El tabaquismo durante el embarazo se ha visto asociado a problemas psicológicos, neurológicos, cardiovasculares, respiratorios, hormonales y metabólicos en los recién nacidos, problemas todos ellos que pueden mantenerse hasta llegada la edad adulta. Sin embargo, muchas mujeres ignoran o no hacen caso de estos hechos revelados por la ciencia y la medicina y continúan fumando cuando están embarazadas.

Las investigaciones han demostrado que la nicotina del tabaco es la principal responsable de todos esos perniciosos efectos. Por desgracia, dejar de fumar no es suficiente para evitarlos si sustituimos el tabaco por otros productos que contienen nicotina, como los cigarrillos electrónicos, los cuales continúan haciendo tanto daño a los embriones como el tabaco original. Otra muestra de que, en este caso, una nueva tecnología en un área ignora otro aspecto de la ciencia.

Estudios en animales de laboratorio, en particular en ratones, han revelado algunos de los efectos de la nicotina, no ya en el organismo, sino en las células y en las moléculas que las mantienen con vida. La nicotina causa daño celular que aumenta la respuesta inmunológica, genera estrés oxidativo, que puede dañar numerosas moléculas, y afecta a la función del retículo endoplasmático, un orgánulo celular implicado en la síntesis de proteínas y en el envío de esas proteínas a los lugares de la célula en donde deben ejercer su función. La nicotina afecta también a la capacidad de replicación de las células. En resumen, los efectos de la nicotina sobre las células causan importantes problemas a la vida de estas, los cuales se traducen en efectos en todo el organismo.

CUERPOS EMBRIOIDES

Sin embargo, todos estos estudios han sido realizados en animales, por lo que su aplicabilidad al caso humano no está demostrada. Al fin y al cabo, ratones de laboratorio y humanos no son especies siempre comparables, salvo en tiempo de elecciones. Para aclarar el asunto sería necesario, por tanto, realizar experimentos en embriones humanos expuestos a la nicotina. Es obvio que este tipo de estudios no es posible por razones éticas, y esperemos que nunca lo sean, aunque esto último no está garantizado. Recordemos, si no, que la Alemania nazi llevó a cabo horrendos experimentos con seres humanos.

Afortunadamente, la ciencia tampoco puede escapar a los progresos tecnológicos que suceden en su seno, los cuales permiten avances cada vez más rápidos. Hoy, para estudiar las células embrionarias humanas no es necesario disponer de embriones. Basta con cultivar en el laboratorio líneas celulares embrionarias e inducir su diferenciación a lo que se denominan cuerpos embrioides. Estos son agregados tridimensionales de células embrionarias pluripotentes, es decir, que pueden convertirse en muchos tipos de células adultas. Estas células pueden haberse aislado de embriones abortados, o haberse generado en el laboratorio a partir de células adultas, gracias a que estas se pueden convertir en embrionarias mediante manipulación génica.

Un grupo de investigadores de la universidad de Stanford, en California, han generado cuerpos embrioides de este modo y los han sometido a la presencia de nicotina durante veintiún días en una concentración molecular similar a la detectada en la sangre de fetos de mujeres fumadoras. Los investigadores comprobaron que los cuerpos embrioides expuestos a la nicotina crecían más despacio, generaban deformidades en su desarrollo, y la mortalidad celular era superior que en el caso de los no expuestos a esta droga.

Para detectar los efectos de la nicotina sobre las células individuales de estos cuerpos embrioides, los científicos separaron las células de esos agregados suavemente, mediante tratamiento con enzimas y lenta agitación. Gracias a las nuevas tecnologías de análisis y secuenciación de ácidos nucleicos, secuenciaron los ARN mensajeros de 5.646 células aisladas de este modo a partir de cuerpos embrioides expuestos a la nicotina y compararon esa secuencia con la obtenida de un número similar de células de cuerpos embrioides no expuestos a la nicotina.

La secuencia de los ARN mensajeros de una célula revela la cantidad e identidad de los genes que esa célula individual tiene funcionando. Muchos de estos genes en las células embrionarias están implicados en el desarrollo de los diferentes órganos. Pues bien, los científicos encontraron alteraciones en el funcionamiento de genes implicados en malformaciones cerebrales y discapacidad intelectual, en enfermedades musculares y pulmonares y en el desarrollo de arritmias cardíacas que afectan a la contractibilidad del corazón ya durante su desarrollo temprano.

Estos estudios añaden nueva evidencia al hecho ya confirmado de que la nicotina ejerce efectos muy perniciosos en el desarrollo. Al mismo tiempo, este trabajo permite imaginar el empleo de cuerpos embrioides para evaluar efectos de otras drogas, fármacos o contaminantes ambientales sobre el crecimiento embrionario humano.

Referencia: Guo et al., Single-Cell RNA Sequencing of Human Embryonic Stem Cell Differentiation Delineates Adverse Effects of Nicotine on Embryonic Development. Stem Cell Reports (2019), https://doi.org/10.1016/j.stemcr.2019.01.022

24 de marzo de 2019

BUSCAD EL GEN

Todo comenzó con observaciones sencillas, como que ciertas enfermedades mentales aparecen más frecuentemente en algunas familias

En mi humilde opinión, la mayor discrepancia entre lo que la ciencia nos enseña y lo que la enorme mayoría de la gente cree radica en el concepto de ser humano. A casi todas las personas de mi generación nos enseñaron que el ser humano es un ser libre, dotado de cuerpo y de alma, en la cual radica la inteligencia y la voluntad. Puesto que el alma la ha creado Dios y Este nos ha creado libres e iguales, llegados a este mundo, nuestro destino está en nuestras manos, en cómo usamos esa libertad, esa inteligencia y esa voluntad que todos poseemos en iguales proporciones en nuestras almas.

Esta idea sobre la naturaleza humana, que aún creo la mayoría abraza, nos es muy querida. Es difícil, por no decir imposible, que no nos sintamos íntimamente libres. Es prácticamente imposible que pensemos que los actos que realizamos o sufrimos cada día no dependan de nuestra voluntad o de la voluntad de otros con mayor poder que el nuestro.

No obstante, la idea del ser humano como ser libre y, por consiguiente, responsable de sus actos, solo condicionado por el mundo y la materia en lo contingente, pero no en lo necesario y fundamental, choca de manera frontal con lo que la ciencia ha descubierto sobre nuestra naturaleza y sobre la naturaleza de nuestra mente. Esta, al menos en el mundo en el que estamos, depende de manera absoluta del funcionamiento del cerebro, el cual depende absolutamente del funcionamiento de las neuronas y otras células que lo forman, el cual depende a su vez absolutamente de los genes que conforman esas células. *Buscad el gen* sería la máxima más adecuada para explicar nuestra psicología.

Como consecuencia de nuestra supuesta igualdad de partida en tanto que seres humanos llegados a este mundo, la ciencia de la psicología, en sus inicios, supuso que las diferencias entre nosotros se debían al diferente entorno en el que a cada uno le toca vivir, el cual, por razones que se resumían en que los caminos del Señor son inescrutables, sí difería notablemente entre las personas. Obviamente, no era lo mismo nacer pobre que rico, o en un país desarrollado y culto que en otro en vías de desarrollo.

Para Freud y otros psiquiatras y psicólogos que le sucedieron, el ambiente nutritivo, educativo, socioeconómico, etc., era el principal responsable para determinar quién era cada cual, y explicar el por qué de su carácter y tendencias. Las madres fueron consideradas las mayores responsables de las venturas y desventuras del carácter de sus hijos, puesto que eran ellas las más implicadas en su educación.

Sin embargo, estas ideas comenzaron a cambiar en los años 60 del pasado siglo, pocos años después de que Watson y Crick determinaran la estructura del ADN, dando comienzo así al nacimiento de la era de la biología y genética moleculares, en la que aún nos encontramos inmersos. Todo comenzó con observaciones sencillas, como que ciertas enfermedades mentales aparecen más frecuentemente en algunas familias, lo que indicaba que un componente genético podía ser el responsable de ellas.

DOS IDEAS IMPORTANTES

Durante las cuatro últimas décadas, se han llevado a cabo numerosos estudios con hermanos gemelos (que poseen el mismo genoma), con hermanos no gemelos y con niños adoptados, que poseen genomas con mayores diferencias aún con sus hermanastros. Esta investigación ha conseguido acumular enormes cantidades de pruebas que indican que las diferencias no ya físicas, sino mentales entre nosotros dependen en gran medida de los genes. De hecho, las diferencias en el ADN que heredamos dan cuenta de algo más del 50% de las diferencias en nuestra personalidad, salud mental, y habilidades o discapacidades cognitivas e intelectuales.

Y eso no es todo, porque estas cuatro décadas de investigación han revelado dos importantes factores. El primero es que el entorno educativo y socioeconómico no es tampoco independiente de los genes. Creo que esta es una idea difícil de comprender, y más aún de aceptar, pero es cierto que el entorno familiar e incluso el social no es algo que exista independientemente de nuestro comportamiento y de nuestras capacidades humanas, que son muy dependientes de los genes, como hemos dicho. En gran medida, creamos y modelamos el entorno de acuerdo con nuestras disposiciones genéticas. Esto quiere decir que, en ocasiones, el entorno particular o familiar en el que vivimos está muy influido por ciertas variantes de genes que podamos poseer. Por ejemplo, es conocido que una actitud negativa de los padres respecto a sus hijos está asociada con una conducta antisocial en estos. Parecería que son los padres los que, con su actitud, crean el entorno familiar que causa esta conducta en sus hijos. Sin embargo, estudios más detallados muestran que es la predisposición genética a la conducta antisocial, causada por la particular combinación de genes heredada por los hijos, la que causa la actitud negativa de los padres. El hijo genera su propio entorno parental negativo debido a los genes que ha heredado, no al revés.

Un segundo hecho descubierto por estas décadas de investigación es que el entorno ejerce sobre nosotros una influencia que está lejos de ser sistemática, sino que es más bien caótica y aleatoria. En otras palabras, una misma persona, pongamos usted, educada en ambientes diferentes, no sería por ello necesariamente diferente de como es en su personalidad y tendencias. Obviamente, la educación es muy importante para dotarnos de capacidades como leer, sumar, o escribir, pero no parece ser tan importante para modelar nuestras tendencias personales, las cuales parecen ser bastante resistentes a cambios en el entorno.

Así pues, son los genes que nos ha tocado heredar, extraídos a partir de miles de millones de combinaciones posibles de los genes de nuestros padres, los que fundamentalmente hacen de nosotros lo que somos. Los genes no lo son todo, pero son el componente más importante de lo que nos construye como humanos. Generar un entorno social justo y acorde con esta idea supone, en mi opinión, uno de los mayores retos de la Humanidad.

Referencia: Robert Plomin (2018). Blueprint: How DNA Makes Us Who We Are. The MIT press, ed. ISBN-13: 978-0262039161.

31 de marzo de 2019

HERENCIA MOLECULAR DEL ESTRÉS

La información sobre el estrés sufrido por los padres debe transmitirse a los hijos por un mecanismo molecular

En los últimos años, se ha puesto en cuestión la idea de que solo se hereda la información almacenada en los genes. Por ejemplo, algunos estudios han revelado que el miedo a un estímulo concreto puede ser transmitido de alguna forma de padres a hijos. Igualmente, la alimentación consumida por los padres, no por las madres, antes de la concepción de sus hijos puede afectar al funcionamiento de los genes de estos, e incrementar o disminuir el desarrollo de la diabetes o la obesidad en la edad adulta.

Recientemente, se ha comprobado que el estrés sufrido por los padres, aunque no necesariamente por las madres, en el periodo anterior a la concepción puede afectar a la forma en que su descendencia reacciona frente a situaciones de estrés en la vida adulta. En una serie de experimentos, los científicos sometieron a situaciones de estrés a ratones macho de laboratorio, por ejemplo, introduciéndoles varias veces por unos minutos en un tubo del que no podían salir solos. Meses después, dejaron a estos ratones aparearse con hembras no estresadas y tener descendencia. Los investigadores comprobaron que cuando los ratones así concebidos alcanzaban la edad adulta, estos reaccionaban a situaciones de estrés de manera fisiológicamente diferente a la de ratones cuyos padres no habían sido estresados. Por alguna razón, los cerebros no se desarrollaban durante el embarazo exactamente de la misma forma, y esta diferencia afectaba a la manera en que los animales reaccionaban frente al estrés.

Los datos anteriores indicaron que, puesto que el estrés no parece modificar la información contenida en el ADN, la información sobre el estrés sufrido por los padres debe transmitirse a los hijos por algún otro mecanismo molecular. Era esta una cuestión importante que debía ser resuelta por la ciencia.

Recientemente, se ha descubierto que las células pueden transmitirse información entre ellas mediante la generación de vesículas extracelulares y su liberación al medio exterior. Las vesículas extracelulares son como pequeñísimas esferas, formadas por membrana celular, las cuales engloban en su interior una serie de moléculas que pueden afectar al funcionamiento de los genes de las células que las captan. En particular, las vesículas contienen moléculas de una variedad de ácido ribonucleico (ARN) llamada micro ARN. Estas moléculas son cortos fragmentos de ARN cuya secuencia de letras es complementaria a la secuencie de letras de alguna región concreta de un gen particular. La complementariedad entre los ácidos nucleicos implica que estos se unen entre sí gracias a esas secuencias complementarias, que son adhesivas entre sí. La unión de un micro ARN a los genes que posean secuencias complementarias a la suya afectará al funcionamiento de estos.

El contenido molecular de las vesículas depende de los estímulos recibidos desde el entorno por las células que las producen. En otras palabras, este contenido refleja la información recibida por la célula desde el mundo exterior. Igualmente, las vesículas poseen moléculas en su membrana que las dirigen a tipos celulares concretos, a los que comunican esta información.

VESÍCULAS Y ESPERMATOZOIDES

El conocimiento anterior ofrecía, por tanto, la posibilidad de que algunas células del organismo, en respuesta al estrés, produjeran vesículas extracelulares cargadas con moléculas específicas, dirigidas a los espermatozoides, que las captarían. Las moléculas de las vesículas incorporadas afectarían al funcionamiento de ciertos genes, no solo en el espermatozoide propiamente dicho, sino en el óvulo fecundado por este, lo que acabaría por influir en el desarrollo del cerebro del embrión, y en el establecimiento o no de ciertas conexiones neuronales importantes para la respuesta frente a situaciones de estrés.

Para comprobar si esta idea era cierta, investigadores de la Universidad de Maryland estudian unas células que ayudan al desarrollo de los espermatozoides. En un conjunto de experimentos, los investigadores recogen esperma de ratones no estresados y lo ponen en contacto con vesículas extracelulares generadas por las células de soporte de los espermatozoides expuestas o no a hormonas del estrés, que se liberan a la sangre en situaciones estresantes. El esperma así tratado fue utilizado para fertilizar a hembras no estresadas.

Los animales que se concibieron a partir de esperma no expuesto a vesículas se desarrollaron con normalidad y respondieron normalmente a situaciones de estrés en la edad adulta. Sin embargo, los expuestos a las vesículas generadas tras el tratamiento de las células con hormonas del estrés mostraron respuestas anormales al estrés en la edad adulta, respuestas que fueron similares a la de los hijos concebidos por ratones macho sometidos a situaciones de estrés. Estos datos indican que ciertas células implicadas en el desarrollo de los espermatozoides responden a cambios en las hormonas del estrés generando vesículas cargadas con moléculas que afectan a los espermatozoides y al óvulo fecundado por estos, de manera que modulan el crecimiento del cerebro y afectan a la forma en que los animales enfrentan el estrés en la vida adulta, al menos en el caso de ratones de laboratorio.

Evidentemente, son necesarios estudios en seres humanos para confirmar si algo similar sucede en nuestro caso. Por obvias razones éticas, estos estudios son de una mayor dificultad en nuestra especie. No obstante, la información que estos podrían revelar sería probablemente de gran importancia para ciertos hombres en edad de ser padres, sometidos de manera crónica a situaciones de estrés. Hablo de militares, de policías, de bomberos, de estudiantes de Medicina y Farmacia, etc. Al mismo tiempo, aprender a generar de manera controlada vesículas extracelulares con un contenido molecular específico podría ser una manera de contrarrestar efectos perniciosos del entorno de los padres sobre su descendencia.

Referencias: Ali B. Rodgers et al (2013). Paternal Stress Exposure Alters Sperm MicroRNA Content and Reprograms Offspring HPA Stress Axis Regulation. Journal of Neuroscience 22 May 2013, 33 (21) 9003-9012; DOI: https://doi.org/10.1523/JNEUROSCI.0914-13.2013.
How Dad's Stresses Get Passed Along to Offspring. Scientific American Mind. March- April 2019, pp 4.

7 de abril de2019

EL PEZ AL QUE EL CIANURO NO PUEDE MATAR

Los peces hielo fueron descubiertos en el siglo XIX por pescadores de ballenas que se atrevieron a adentrarse en las frías y tormentosas aguas del Antártico

Una de las ventajas de dedicar tiempo a la divulgación científica es que mientras uno intenta enseñar, no puede dejar de aprender. Aprender algo nuevo, no obstante, no vale de nada si lo aprendido no se comparte. Por ello, estoy de nuevo encantado de compartir contigo algo nuevo que he aprendido y que me ha sorprendido: la existencia de un pez de sangre blanca al que el cianuro no puede matar.

En realidad, no se trata de un pez, sino de una familia de 16 especies que habitan los océanos más fríos de la Tierra. Gracias a habitar ambientes tan gélidos, los "peces hielo", como se les conoce, pueden vivir sin glóbulos rojos y sin hemoglobina en la sangre, razón por la que esta es traslúcida, con un tinte ligeramente amarillento, y no roja. Las células de su sangre son solo leucocitos y linfocitos, que se encuentran en una proporción menor al 1% del volumen total. Los peces hielo, por tanto, consiguen su oxígeno solo por difusión desde el agua exterior a su sangre cuando esta pasa por sus branquias.

Sorprendentemente, no son por ello peces pequeños, lo que reduciría las necesidades de oxígeno. Poseen una gran cabeza, con grandes branquias y con mandíbulas de forma similar a la de los cocodrilos. El cuerpo es pequeño en relación con la cabeza, pero aún así son peces que pueden alcanzar hasta 60 cm de longitud y llegar a pesar hasta 2 kg. La piel, blancuzca, carece de escamas, lo que facilita sin duda la difusión del oxígeno también a través de ella.

Los peces hielo fueron descubiertos en el siglo XIX por pescadores de ballenas que se atrevieron a adentrarse en las frías y tormentosas aguas del océano Antártico. Estos peces formaron parte de sus capturas e incluso fueron cocinados y comidos. Al matarlos y abrir sus cuerpos para cocinarlos quedó de manifiesto que su sangre no era roja. Sin embargo, hasta 1929 los zoólogos no tuvieron noticia de estos raros peces y no comenzaron a estudiarlos.

La vida sin hemoglobina no es fácil, lo que ha conducido al desarrollo de mecanismos compensatorios para la difusión del oxígeno, como un corazón más grande y un sistema vascular más desarrollado y denso. Esto parece una paradoja, pero es necesario para circular la sangre a mayor velocidad y transportar así el oxígeno disuelto más rápidamente. Por último, su metabolismo parece ser también más lento de lo normal.

Para comprender cómo es posible que un animal tan grande pueda vivir sin hemoglobina en la sangre es necesario tener en cuenta al menos dos hechos. El primero es que la concentración de un gas disuelto en agua aumenta a medida que la temperatura disminuye. Por esa razón, conviene mantener las bebidas gasificadas en el frigorífico, lo que retrasa que estas pierdan el gas disuelto. En las frías y revueltas aguas del Antártico, que pueden estar a una temperatura inferior a 0°C, la concentración de oxígeno disuelto es, por consiguiente, una de las más elevadas de los océanos del planeta, lo que permite su difusión al interior del organismo de estos peces en cantidad suficiente.

PERDIDOS POR EVOLUCIÓN

El segundo hecho que debemos considerar es que a lo largo de la evolución suelen aparecer y conservarse las características necesarias para la supervivencia en un entorno concreto. Si el entorno hace innecesaria una determinada propiedad de los organismos, algunos la pueden perder. El ambiente de aguas frías y bien oxigenadas en el que el pez hielo vive hace que la hemoglobina no sea necesaria. En este entorno, aquellos individuos que por mutación perdieron la capacidad de producir esta proteína no solo no murieron, sino que consiguieron un ahorro energético muy importante, ya que la hemoglobina es una proteína abundante y costosa de producir. Este ahorro les permitió reproducirse con mayor eficacia y, finalmente, los descendientes de ese mutante prevalecieron en la población.

Que la hemoglobina no es necesaria para muchos de estos peces habitantes de las gélidas aguas del Antártico es un hecho probado por la siguiente observación. Curiosamente, algunas de las especies de peces hielo siguen poseyendo el gen de la hemoglobina y producen esta proteína. Sin embargo, si se intenta envenenar a estos animales mediante la administración de cianuro, que se une al hierro de esta proteína e impide que esta se una al oxígeno, estos animales no mueren. Esto indica que la hemoglobina que poseen no es estrictamente necesaria para mantenerlos con vida.

Para intentar comprender mejor la biología de los peces hielo, un grupo de investigadores ha secuenciado el genoma de una de las especies de estos animales. Los datos de este estudio revelan que los peces hielo evolucionaron a partir de los peces de la familia denominada peces espinosos hace unos 77 millones de años. Otro de los hechos revelados es que estos peces poseen numerosas copias de genes que protegen a las células de la congelación, produciendo sustancias anticongelantes.

Otros genes muy abundantes en su genoma son los que protegen del estrés oxidativo, probablemente debido a las altas concentraciones de oxígeno libre, obviamente no unido a la hemoglobina, que existen en su plasma sanguíneo. Otros genes que, curiosamente, son diferentes o han desaparecido en esta especie son los relacionados con el mantenimiento de los ritmos circadianos, ya que las latitudes que estos peces habitan carecen de día y de noche normales.

Estos interesantes estudios, revelan que la plasticidad de la vida es realmente muy elevada y esta puede adaptarse con éxito a condiciones no fácilmente imaginables. Sin embargo, la adaptación no carece de precio y puede aumentar la susceptibilidad de algunas especies a ciertos cambios en el entorno. Es el caso de los peces hielo y el calentamiento global, que amenaza seriamente con conducir a la extinción de estas especies no solo por efectos sobre su alimentación, sino causando su asfixia.

Referencias: (1) Bo-Mi Kim et al. (2019). Antarctic blackfin icefish genome reveals adaptations to extreme environments. Nature Ecology and Evolution. https://doi.org/10.1038/s41559-019-0812-7. (2) Johan T. Ruud. (1954) Vertebrates without erythrocytes and blood pigment. Nature, Vol 173, p. 848.

14 de abril de 2019

Teorías sobre las teorías de la conspiración

Como fenómeno psicológico, este de las creencias falsas ha sido también objeto de investigación científica

Un prominente signo de nuestro tempo es la difusión y defensa de ideas falsas y la negación de hechos probados. Puesto que la confirmación de muchos hechos se ha obtenido mediante la actividad científica, se han generado movimientos anticiencia que niegan hechos tan claros como que la Tierra es esférica, que el ser humano pisó la Luna, o que las vacunas son eficaces para protegernos de graves enfermedades.

Mientras creer en ciertas ideas falsas puede ser inofensivo, creer en otras puede llegar a ser mortal. Por ejemplo, creer que la Tierra es plana no acarrea graves consecuencias, si no es el escarnio y el ridículo de los demás, pero creer que las vacunas son perjudiciales para la salud puede conducir a nuestra muerte, o a la de seres queridos que dependen de nosotros para su supervivencia, como nuestros hijos pequeños.

Como fenómeno psicológico, este de las creencias falsas ha sido también objeto de investigación científica. Uno de los estudios más influyentes sobre este tema fue publicado en 2013. En él, los investigadores estudian los factores que podrían conducir a negar el cambio climático, que ya contaba por aquel año con pruebas sólidas de su existencia y de que estaba causado por la actividad humana. El estudio encontró que uno de los factores principales asociados con esta negación era una fe solida en la eficacia y bondad de la economía de libre mercado como sistema que no solo no causa problemas, sino que los soluciona. El calentamiento global desafiaba seriamente esa creencia, ya que indicaba que la actividad económica debía ser regulada para impedir el daño que infligía al planeta.

Para justificar la economía libre, indicaba el estudio, los negacionistas no solo no aceptaban el hecho del cambio climático, sino que imaginaban también teorías de la conspiración. Eran los comunistas, los socialistas, los ecologistas y otros …istas quienes inventaban una realidad ficticia para conseguir implementar sus objetivos ideológicos en el mundo. Estos …istas variados eran considerados por los conspiracionistas como virtualmente invencibles, capaces de poner a su merced al resto de la Humanidad.

Este y otros estudios realizados más tarde revelan que cuando los hechos probados contradicen o atacan a nuestras ideas más queridas, la respuesta psicológica de la mayoría no es negar o modificar sus ideas, sino negar o modificar los hechos. Surgen así "realidades alternativas" más acordes con lo que se cree, las cuales intentan invalidar los hechos probados. Entre estas "realidades alternativas" se encuentran las conspiraciones de todo tipo.

FACTORES COMPLEJOS

Estudios recientes han revelado otros factores que sustentan creencias en teorías de la conspiración y niegan hechos científicamente demostrados. Uno de ellos es la ansiedad, emoción muy fomentada en nuestros días debido a la rápida evolución de los acontecimientos y a la incertidumbre inherente a esa rápida evolución. La ansiedad aumenta la probabilidad de que creamos que algo o alguien la causa, ya que nos resulta muy difícil aceptar que el mundo pueda reducirse a un conjunto de eventos que nadie en realidad controla y del que todos somos víctimas. Deben, por consiguiente, existir conspiradores que lo manipulan todo y que son los verdaderos responsables de lo que sucede. Sin embargo, la primera idea es mucho más acorde con la realidad que la segunda.

La creencia en las teorías de la conspiración se ve también reforzada por el hecho de que, en ocasiones, las conspiraciones podrían ser reales. Por ejemplo, que Rusia haya intervenido para ayudar a Donald Trump a ganar la presidencia de los EE. UU. parecía ser inicialmente una de esas teorías conspirativas, imaginada para justificar lo que había sucedido. Algunos se sentían más cómodos pensando que no era el pueblo americano quien había elegido presidente a semejante personaje; eran los rusos quienes lo habían manipulado todo. Sin embargo, acontecimientos acaecidos más tarde indicaron que esa teoría podría ser cierta.

El sentimiento de rechazo y alienación también aumenta la probabilidad de que creamos que fuerzas poderosas controlan el mundo. Si este sentimiento se une a la sospecha de que nuestra sociedad está en peligro, la inclinación a creer en teorías conspiratorias aumenta.

Otro factor que alimenta las teorías de la conspiración y anticientíficas es Internet. Los usuarios de las redes sociales suelen pertenecer a grupos de amigos que refuerzan sus ideas entre sí. Si somos atraídos por ideas anticientíficas, acabaremos perteneciendo a algún grupo en el que la mayoría pensará lo mismo que nosotros. Esto alimentará nuestras creencias e impedirá que las analicemos de forma objetiva. Por supuesto este fenómeno sucede sea cual sea la creencia que abracemos.

Sin embargo, aunque se van conociendo los factores que inducen el pensamiento anticientífico y la creencia en teorías de la conspiración, no se conoce aún por qué los humanos tenemos tendencia a pensar así y no somos más racionales. Me atrevo aquí a presentar la idea de que esta tendencia radica en nuestra historia evolutiva. Cuando vivíamos en clanes y pequeños poblados, el mundo era mucho más simple y lo que podía sucedernos dependía en gran medida de la acción seres humanos cercanos a quienes podíamos culpabilizar de nuestras desgracias. El mundo es mucho más grande y complejo hoy, pero nuestro cerebro no ha tenido tiempo de evolucionar para adaptarse completamente a él y sigue atribuyendo nuestros males a causas sencillas. Creer en una conspiración es mucho más fácil que considerar y analizar los complejos factores que han conducido a una situación concreta, además de que desplaza la culpabilidad fuera de nosotros mismos. Esto, no obstante, es solo mi idea particular.

¿Qué podemos hacer para contrarrestar esta tendencia tan humana, pero tan destructiva? Afortunadamente, la investigación indica que el aprendizaje del pensamiento crítico desde la infancia protege de la creencia en ideas sin fundamento. La educación es pues una fuerza fundamental y necesaria para que podamos un día conseguir convertirnos en seres tan racionales como lo somos emocionales.

Referencias: (1) Melinda Wenner Moyer. Why we believe in conspiracy theories. Scientific American. March, 2019, pp 58. (2) Stephan Lewandowsky et al. (2013) NASA Faked the Moon Landing—Therefore, (Climate) Science Is a Hoax: An Anatomy of the Motivated Rejection of Science.

21 de abril de 2019

POR QUÉ LA HOMEOPATÍA NO PUEDE FUNCIONAR

Hace muchos años leí un relato de detectives muy interesante. Era una de esas historias del tipo "el misterio de la habitación cerrada", que tratan de crímenes cometidos en situaciones imposibles, en las que aparentemente nadie ha podido perpetrarlos, pero que en general alguien ha cometido de manea muy astuta.

En la historia que leí, tras ver a un hombre conocido abrir la puerta con la llave y entrar en un local de un callejón con una pesada caja de cartón, el testigo oye que una vez dentro el hombre cierra con llave la puerta desde el interior. Pocos días después, el testigo lee en el periódico que el hombre es dado por desaparecido. El testigo avisa a la policía y le informa de lo que vio. La policía acude al local y comprueba que la puerta continúa cerrada desde el interior. Tras echarla abajo, descubren el cadáver del hombre colgado de una soga atada a una viga del techo. El local está completamente vacío y carece de ventanas. No hay nada más en él, salvo la caja de cartón vacía, apartada en una esquina, y un resto de humedad bajo el cadáver ahorcado. Parece que el hombre se orinó mientras moría.

Tras realizar numerosas pesquisas, el conocido y brillante detective que dirige el caso concluye que nadie ha podido asesinar a ese hombre. Nadie más poseía otra llave. No hay entradas o salidas ocultas en el local. El hombre tuvo que suicidarse, sin más remedio, pero ¿cómo? La caja de cartón está vacía y no hay nada en el local sobre lo que pudo encaramarse para el suicidio. La respuesta se halla tras analizar los restos de humedad en el suelo. No se trata de orina, sino de agua destilada. ¿De dónde proviene? El detective concluye que proviene de un bloque de hielo que el hombre llevaba en la caja y que utilizó para subirse sobre él, colgar así la cuerda en la viga del techo y, tras ponérsela en el cuello, apartarlo de una patada dejándolo sin apoyo y condenado a morir ahogado. El hielo acabaría derritiéndose y el agua, evaporada. Probablemente, al suicidarse de ese modo, el hombre pretendía también dejar para la posteridad un misterio de no fácil resolución. No contaba con que su cadáver sería encontrado antes de que el agua destilada se secara sin dejar rastro, ni con la legendaria inteligencia del famoso detective que llevaría el caso.

Es importante mencionar que el detective no propone extrañas ideas para intentar resolver el caso. No considera ni un instante que un fantasma haya atravesado las paredes y cometido un asesinato dando la impresión de que es un suicido. Sabe, gracias a años y años de experiencia y conocimiento sólido, que los fantasmas no existen y los asesinos son personas de carne y hueso. Estos no pueden atravesar puertas cerradas ni paredes para matar a sus víctimas; deben tener acceso físico a ellas, aunque sea solo para disparar un arma con seguridad de alcanzarlas mortalmente. En conclusión, no todas las posibles explicaciones del hecho observado son igualmente válidas. Las hay que son más sensatas que otras y, sobre todo, acordes con lo que previamente se conoce.

LA HABITACIÓN CERRADA DE LA HOMEOPATÍA

Idéntico tipo de razonamiento puede aplicarse para concluir que la homeopatía no puede ser en ningún caso responsable de una curación. Al paciente no lo cura nada, porque igual que el hombre de la historia se suicida sin ayuda, el paciente se cura por sí mismo. No hay nada que pueda explicar esa curación de otro modo.

En efecto, no hay nada que pueda explicar la curación. Recordemos que la homeopatía mantiene que un principio supuestamente activo, que sin ser diluido causaría síntomas similares a los de la enfermedad, cura esos síntomas gracias a las enormes diluciones y agitaciones a las que el principio es sometido, las cuales, por mecanismos aún desconocidos, le confieren así un poder curativo que sin diluir no poseía.

Diluir una sustancia significa incrementar la distancia entre sus moléculas, separarlas por un espacio cada vez mayor que será ocupado solo por agua. ¿Cuánto espacio separa a dos moléculas de principio activo cuando son sometidas al procedimiento de dilución más comúnmente utilizado en homeopatía? Esto se puede calcular y me he permitido hacer los cálculos, que he repetido varias veces por lo increíble de sus resultados. El espacio que separaría dos moléculas de una sustancia diluida de manera homeopática sería de más de *cien millones de kilómetros*, es decir, la distancia del Sol a Venus. Esto supone que el método de dilución homeopática consigue, literalmente, hacer desaparecer las moléculas de la preparación. No hay una sola molécula de principio activo en ella.

Los médicos, farmacéuticos y bioquímicos sabemos, además, que para que un medicamento, formado por moléculas de un principio activo, funcione con eficacia es preciso administrarlo en una proporción superior, en general, *al millón de moléculas por cada célula de nuestro organismo*. Esto es necesario para asegurar que el fármaco alcanza con seguridad a las moléculas de nuestras células sobre las que debe actuar. También sabemos que esto es siempre lo que sucede con los medicamentos. Estos ejercen un efecto gracias a que acceden y de hecho se unen físicamente a las moléculas que son sus "víctimas". Dosis menores de fármacos, es decir, menor número de sus moléculas, no son eficaces porque no alcanzan a todas las moléculas que deben ser afectadas por ellos.

Frente a este conocimiento, una observación contrastada es que tras administrar preparaciones homeopáticas muchos de los pacientes se curan. ¿Cómo puede ser? ¿Qué ha podido curarlos si en la preparación administrada no hay sustancia activa? Como el detective de la historia anterior, nos vemos obligados a concluir que el paciente se ha curado solo, como igualmente solo acabó con su vida el hombre encerrado en el local. Que muchas enfermedades se curan solas es también una observación bien contrastada. Enfrentados al hecho de que, aunque nos tomemos una pequeña píldora homeopática y nos curemos, esta no contiene sino azúcar, deberemos concluir, aunque no queramos, que el culpable de la curación ha tenido que ser nuestro propio organismo.

A pesar de estos racionales análisis, basados en lo descubierto y confirmado cada día por la medicina y la ciencia, muchos siguen creyendo en que la homeopatía es eficaz. Están en su derecho, pero no están en lo cierto.

28 de abril de 2019

SUPERVIVENCIA MORTAL

*Entre las estrategias de supervivencia empleadas por las células tumorales,
una de las más espectaculares es la manipulación del sistema inmunitario*

Tal vez algunos se indignen por el hecho de que todavía no hayamos
podido llegar a curar todos los tipos de cánceres. Toda nuestra ciencia y
nuestra técnica no son, por ahora, suficientes para curar todos los casos de
esta enfermedad, la cual se lleva prematuramente, muchas vidas.

Quizá pensemos que esta situación se debe a que no se han dedicado
tantos recursos a curar el cáncer como a desarrollar artilugios de guerra.
Seguramente hay algo de cierto en esa reflexión. Sin embargo, una de las
razones por las que todavía no podemos curar todos los cánceres es que las
células cancerosas emplean sofisticadas estrategias de supervivencia, las
cuales someten al resto del organismo y lo conducen a una situación en la
que este, en lugar de luchar contra él, sirve de apoyo y sustento al tumor que
lo matará.

Entre las estrategias de supervivencia empleadas por las células tumorales,
una de las más espectaculares, en mi opinión, es la manipulación del sistema
inmunitario. Los tumores evitan el ataque de las células inmunitarias que
acabarían con él. Como sabemos, la principal función del sistema inmunitario
es eliminar a microorganismos infecciosos. Esta función requiere que ciertas
células de este sistema adquieran las armas moleculares necesarias para matar
a otras. El sistema inmunitario necesita por ello proporcionar a algunas de sus
células "permisos para matar", permisos que solo otorga cuando la gravedad
de la situación así lo requiere.

La razón de esta prudencia inmunitaria se comprende cuando sabemos
que cualquier actividad de defensa del organismo conlleva un daño colateral.
Por este motivo, una vez que la infección ha sido vencida, el permiso para
matar es revocado y las células "asesinas" inhibidas o eliminadas una vez han
cumplido su misión; de otro modo podrían continuar haciendo daño al
organismo, daño que sería ya innecesario.

Pues bien, para manipular al sistema inmunitario, los tumores generan las
mismas moléculas que en condiciones normales son utilizadas por el sistema
inmunitario para detener la actividad de las células inmunitarias "asesinas"
una vez la infección ha sido vencida. Una de estas moléculas lleva el

impresionante nombre de ligando de muerte programada-1, más conocida por sus iniciales en ingles, PD-L1.

Los ligandos son una clase de moléculas que, como su nombre indica, se ligan, es decir, se unen con otras moléculas, generalmente denominadas receptores. La mayoría de los receptores se encuentran en la superficie de las células en un estado de reposo, pero cuando son ligados por los ligandos, esta señal los activa y desencadenan así una cascada de eventos moleculares en el interior de las células que modifican el comportamiento de estas. Vemos así que ligandos y receptores están involucrados en la comunicación celular, es decir, en la transmisión de información de unas células a otras, y en desencadenar las actuaciones necesarias para hacer frente a las condiciones que esa información transmite y requiere.

VESÍCULAS ASESINAS

El ligando PD-L1 es producido por ciertas células del sistema inmunitario cuando detectan que la infección ha sido vencida. Este ligando se coloca en la membrana de las células e interacciona con los llamados linfocitos T citotóxicos (la clase de linfocitos principalmente implicados en la muerte de células infectadas por virus y de células tumorales), desactivándolos. Esta desactivación es necesaria debido al peligro que los linfocitos T citotóxicos representan para el propio organismo si no son controlados debidamente. El ligando PD-L1 es una de las moléculas más importantes para conseguir este control.

Los linfocitos T citotóxicos también se activan cuando el sistema inmunitario detecta que comienza a desarrollarse un tumor. Estos linfocitos, si no son desactivados antes de tiempo, acabarán con la vida de todas las células tumorales y las erradicarán. No obstante, en este juego de la vida y de la muerte al que cotidianamente juegan nuestras células, los tumores han aprendido a sobrevivir. Para conseguirlo, la mayoría producen el ligando PD-L1. Cuando los linfocitos T citotóxicos que han podido activarse llegan al tumor para matar a las células tumorales, se encuentran con que estas les envían la orden de desactivarse. Así lo hacen, por lo que el tumor sigue creciendo.

El conocimiento de estos procesos ha permitido inventar nuevas terapias antitumorales que están teniendo un notable éxito. Estas se basan en impedir la acción de PD-L1 con un anticuerpo que se une a este ligando y evita que este se una al receptor presente en los linfocitos T. De este modo estos continúan activados y pueden matar a las células tumorales. Esta terapia se denomina terapia de punto de bloqueo.

Cuando los pacientes responden a esta terapia, esta resulta bastante eficaz; sin embargo, no todos los pacientes responden a ella. También se ha visto que ciertos tipos de tumores son resistentes. La razón de esta resistencia era desconocida.

Ahora, un grupo de investigadores de la Universidad de California ha descubierto que los tumores no se contentan con producir PD-L1 y colocarlo en las membranas de sus células. También producen unas pequeñas vesículas, llamadas exosomas, cargadas con gran cantidad de PD-L1, que son secretadas por las células tumorales al medio exterior, donde actúan incluso para impedir la activación de los linfocitos T y que estos reciban el "permiso para matar".

En una serie de interesantes experimentos realizados con ratones, los científicos comprueban que, si impiden la producción de exosomas por los tumores, estos crecen mucho más despacio o son erradicados, pero si estimulan esta producción, los tumores crecen más rápido. Además, la erradicación de un tumor que no produce exosomas protege del crecimiento subsiguiente de otros tumores, incluso cuando estos generan exosomas. Se produce así una especie de vacunación antitumoral.

Estos descubrimientos son muy buenas noticias porque sin duda van a permitir mejorar la terapia de punto de bloqueo que tan buenos resultados está ya ofreciendo. Poco a poco, pero inexorablemente, la ciencia se acerca al objetivo de curar todos los tumores.

Referencia: Poggio et al., Suppression of Exosomal PD-L Induces Systemic Anti-tumor Immunity and Memory, Cell (2019), https://doi.org/10.1016/j.cell.2019.02.016
https://jorlab.blogspot.com/2015/05/la-perversidad-de-los-exosomas-tumorales.html

5 de mayo de 2019

TIBURONES CONTRA EL INFARTO

Algunos animales muestran asombrosas capacidades regenerativas. No solo los vertebrados primitivos, como las lagartijas o las salamandras, pueden regenerar órganos perdidos que les han podido ser arrebatados por el ataque de un predador, sino que mamíferos como los delfines poseen una extraordinaria capacidad para cerrar graves heridas infligidas por mordeduras de tiburones, y esto sin signo de infección y sin dejar cicatrices.

La ausencia de cicatriz es, para los expertos, un claro signo de que en el caso de los delfines se está produciendo algo más que el cierre de la herida, y que el propio tejido y las células que lo componen se están regenerando hasta conseguir alcanzar de nuevo el estado anterior a la herida.

La capacidad regenerativa de los delfines y de otros animales marinos, incluidos también los tiburones, ha espoleado la investigación en busca de los genes y las moléculas que podrían ser responsables de ella, algunas de las cuales, probablemente actuaban también como antibióticos para impedir la infección, o estimulaban al sistema inmunitario para controlarla. Fue así como se descubrió una molécula natural presente en la piel de una especie de tiburón. Esta molécula fue bautizada, gracias a la legendaria imaginación de los científicos para dar con nombres originales, como MSI-1436. La investigación sobre esta molécula ha revelado que puede actuar como un fármaco capaz de potenciar la regeneración de los tejidos en ratones de laboratorio, paso necesario antes de poder pensar en usar el compuesto en el caso humano.

Detengámonos un momento para visitar con calma lo que supone el proceso de regeneración. Las células muertas o dañadas deben ser sustituidas por células sanas. Estas deben generarse a partir de células madre o de células precursoras, y esto debe suceder con todos los diferentes tipos celulares que forman un tejido o un órgano. Para ello, no solo deben ponerse en marcha procesos de división celular, sino igualmente procesos de maduración celular que, desde las células precursoras, generen las células adultas de los tipos correctos, en las proporciones correctas y en los lugares correctos del órgano que debe regenerarse, de modo que no se produzcan estructuras aberrantes durante la regeneración. Todos estos procesos requieren del funcionamiento coordinado de cientos de genes, y también requieren de la comunicación ordenada entre las células, de modo que estas se organicen correctamente.

A pesar de la complejidad de este proceso, una vez desencadenado, funciona de manera automática. Esto no debería sorprender a nadie, porque si la regeneración es compleja, más aún lo es la generación de todo el organismo a partir de un óvulo fecundado, y también sucede de manera automática. Por consiguiente, el problema fundamental del proceso de regeneración es desencadenarlo, ya que normalmente este proceso está detenido y, además, en la mayoría de las especies de animales superiores, el proceso no se activa en los individuos adultos, los cuales pueden cerrar heridas, pero no realmente regenerar partes de órganos dañadas. Sin embargo, si se consigue poner en marcha, el proceso progresa por su cuenta.

UNA NUEVA MOLÉCULA REGENERATIVA

Esta situación supone, en muchos casos, lo que llamo una "voltereta" evolutiva. Los animales más primitivos sí pueden regenerar con cierta facilidad órganos o extremidades dañadas o perdidas. Algo tuvo que suceder a lo largo de la evolución para que los animales más complejos perdiéramos esa capacidad. Sin embargo, las investigaciones realizadas indican que los animales superiores no la hemos perdido por completo, sino que simplemente la tenemos "dormida". En particular, tenemos dormida la capacidad de estimular fuertemente la multiplicación celular, requisito indispensable para iniciar el proceso de regeneración.

Aquí es donde interviene la nueva molécula MSI-1436. Esta molécula actúa inactivando el freno para para la reproducción de las células. En el caso humano y el de otros mamíferos, aunque tal vez no en el caso de los delfines, este freno se encuentra demasiado potenciado y bloquea la división celular. La molécula MSI-1436 impide el funcionamiento del enzima más importante para la actividad de este freno.

Estudios realizados en ratones de laboratorio han revelado que cuando estos son sometidos a un infarto de miocardio controlado de forma experimental y su corazón resulta así dañado, estos regeneran el daño de forma claramente superior cuando se les administra MSI-1436. La regeneración estimulada por el fármaco puede ser incluso superior a la conseguida mediante infusión de células madre. La administración de MSI-1436 duplicó la capacidad de bombeo de sangre con respecto a los corazones no tratados, la extensión de la cicatriz se redujo a la mitad y las células musculares cardiacas proliferaron seis veces más que sin tratamiento.

Los ratones a los que se causa infarto de miocardio en el laboratorio no son una buena aproximación al caso humano. Mejor aproximación a este son los cerdos, ya que su corazón es mucho más similar al nuestro (y sus cerebros, a veces, indistinguibles de los de según qué personas). Por esta razón, se han iniciado estudios con cerdos para analizar la capacidad regeneradora de MSI-1436 en los corazones de estos animales. De tener éxito, estos estudios permitirán comenzar ensayos clínicos con MSI-1436 en pacientes que hayan sufrido infartos de miocardio.

Estos estudios son una buena prueba de que moléculas naturales generadas por algunos animales, algunas de ellas olvidadas por la evolución y por la ciencia, podrían resultar de gran ayuda para tratar enfermedades que asolan a la Humanidad. Esperemos que así sea en el caso, al menos, de MSI-1436.

Referencia: (1) Ashley M. Smith (2017). The protein tyrosine phosphatase 1B inhibitor MSI-1436 stimulates regeneration of heart and multiple other tissues https://www.nature.com/articles/s41536-017-0008-1. (2) Strange, K and Viravuth Y (2019). A shot at regeneration. Scientific American April 2019, pp 57.

12 de mayo de 2019

¿Sueñan los autómatas con abogados eléctricos?

¿Cuál de nuestras capacidades es más propia del ser humano? Yo creo que no es pensar, ni sentir, sino juzgar. Nos pasamos la vida juzgando a otros y juzgándonos a nosotros mismos. No hay más que echar un vistazo a las redes sociales para confirmarlo. A cada entrada decidimos si pulsar ese me gusta (*like*), ese corazón, o esa cara de asombro, tristeza o enfado para declarar nuestra sentencia sobre la noticia o comentario. No paramos de juzgar ni en sueños. Y es que la capacidad de juzgar a otros y saber, además, que otros pueden juzgarnos es probablemente la herramienta más poderosa de control social.

Esta capacidad tan humana preocupa a los fabricantes de robots autónomos, capaces de aprender y de actuar por sí mismos. En solo unos años, se espera que los humanos tengamos que compartir calles, carreteras e incluso hospitales con vehículos autónomos y robots con la capacidad de tomar sus propias decisiones, comprendida la de extirpar o no un tumor y en qué grado. En algunos casos, sus decisiones pueden causar daño, incluso conducir a la muerte, como ha sucedido ya en el caso de accidentes causados por vehículos autónomos. ¿Quién será moralmente responsable? ¿El autómata? ¿La empresa que lo ha diseñado o comercializado? ¿Nadie, porque el daño se debe a los avatares del destino?

Los sociólogos y psicólogos sociales han comenzado ya a estudiar estas cuestiones y a realizar experimentos para avanzar en el conocimiento de cómo la mente humana percibe la moralidad y la responsabilidad. Un hecho confirmado por estudios recientes es que la atribución de responsabilidad moral depende de la percepción del grado de autonomía del agente que realiza la acción. Por esta razón, los niños son considerados menos moralmente responsables que los adultos. La percepción de autonomía será, por tanto, un elemento crucial a la hora de que las personas atribuyamos responsabilidad a los robots por sus acciones, y la falta de autonomía que percibimos ahora es la razón por la que, de momento, no atribuimos responsabilidad a tractores, automóviles o aviones.

Lo anterior indica que la imputación de responsabilidad por la acción de un robot dependerá del grado en que creamos que posee una mente individual y autónoma. Esto es lo que también hacemos con nuestros congéneres: atribuirles una mente, con inteligencia e intenciones mejores o peores. Sin embargo, estrictamente hablando, no podemos saber si ninguno de nuestros congéneres posee una mente como la nuestra. Solo los vemos moverse y actuar y de esas acciones inferimos que deben poseer algún tipo de mente, pero en realidad su mente es inaccesible para nosotros. La atribución de mente a otras personas o animales se ha denominado "teoría de la mente". En otras palabras, vivimos con la teoría de que otros tienen mentes similares a la nuestra, pero no podemos saber si en realidad no son autómatas vacíos de todo pensamiento y de todo sentimiento a los cuales atribuimos inteligencia, libertad y emociones. La capacidad de teorizar mentes en los otros no es un rasgo exclusivamente humano, puesto que es compartido con los simios superiores y posiblemente con otros animales, como delfines u otros mamíferos sociales de elevada inteligencia.

¿MENTES LIBRES?

Sin embargo, la investigación ha revelado que no todos los atributos de la mente son igualmente importantes a la hora de imputar responsabilidad por las acciones de alguien…o de algo. Una de las condiciones más importantes es creer que el que ejecuta la acción debe ser consciente de las implicaciones morales de esta. Esta condición debe ser igualmente cumplida por los robots autónomos, lo cual es hoy, cuando menos, muy dudoso, aunque estos ya comienzan a ser capaces de distinguir ciertas situaciones elementales, como que es necesario frenar si se cruza un peatón en el caso de los coches autónomos.

Igualmente, otras importantes condiciones para atribuir responsabilidad son la intencionalidad o el deseo. Los estudios realizados indican que las personas difícilmente atribuyen deseos a los robots, pero fácilmente les atribuyen intencionalidad, es decir, consideran que son capaces de creer que una cierta acción producirá cierto resultado. A medida que los robots sean capaces de elegir sus propios objetivos, la atribución de responsabilidad por sus acciones aumentará.

Lo anterior sugiere que, a medida que los robots y otras máquinas sean fabricados con mayores capacidades de aprendizaje y de toma de decisiones autónomas, mayor será la tendencia a hacerlos responsables por sus acciones. Por supuesto, esto dependerá del grado en que las personas percibamos esa autonomía, y del grado en que atribuyamos a los robots capacidad de libertad de decisión y acción. Es obvio que sin libertad no es posible la responsabilidad moral. En este sentido, los estudios también indican que una condición para atribuir libertad de acción a quien la realiza es la imprevisibilidad. Si pensamos que los robots solo siguen un conjunto de órdenes establecidas, obviamente no son libres, pero los avances tecnológicos en redes neuronales y aprendizaje profundo conseguirán en poco tiempo que los robots actúen de forma autónoma y cada vez más similar a la de una persona libre y consciente de sus acciones.

Por último, otra condición que aumenta la atribución de responsabilidades a los robots es su aspecto. Cuanto más humano sea este, más fácilmente les atribuimos una mente y una voluntad libre y más responsables tendemos a hacerles de las mismas acciones con idénticos resultados.

Las personas tendemos a buscar culpables cuando sucede algo malo. Si imputamos responsabilidad a los robots ¿no deberían estos ser también dotados de derechos, cuando menos del derecho a una defensa justa? ¿Quizá incluso se diseñen robots abogados y jueces autónomos, específicamente con la misión de juzgar a otros robots…o de juzgarnos también a nosotros? Puede parecer ciencia-ficción, pero el futuro ya está aquí.

Referencias: (1) Yochanan E. Bigman et al., (2019). Holding Robots Responsible: The Elements of Machine Morality. Trends in Cognitive Sciences. https://doi.org/10.1016/j.tics.2019.02.008. (2) ¿Puede un algoritmo impartir justicia? https://www.eldiario.es/tecnologia/Puede-algoritmo-impartir-justicia-tribunales_0_889261602.html

19 de mayo de 2019

ESTRATEGIAS CONTRA LA REBELIÓN DEL CÁNCER

La rebelión siempre amenaza a las sociedades. La historia está llena de rebeldes y sediciosos, y las sociedades han intentado controlar o impedir estas rebeliones por diferentes medios. La sociedad de células que forma los organismos animales no está exenta del riesgo de rebelión. Esta rebelión tiene un terrible nombre: cáncer. Las células cancerosas han dejado de cooperar con el resto y se dividen por su cuenta y sin control. Son rebeldes que el organismo necesita erradicar para sobrevivir.

Es razonable pensar que la probabilidad de rebelión en una sociedad depende del número de sus miembros. Cuantas más células posea un organismo, más probable será que este desarrolle cáncer. También resulta razonable pensar que cuanto más tiempo perviva una sociedad, más probable resultará también que algunos de sus miembros se rebelen. Cuanto más longevo sea un animal, más probable será igualmente que desarrolle cáncer a lo largo de su vida. Esto es, en efecto, lo que sucede con la mayoría de los animales, aunque existen notables excepciones que han conseguido desarrollar interesantes métodos para limitar o impedir las rebeliones celulares. El conocimiento de estos métodos tal vez permita generar nuevas estrategias contra el cáncer.

Una de esas grandes excepciones es el elefante. Por la cantidad de células que este animal posee, su tasa de cáncer debería ser muy superior a la nuestra; sin embargo, esta es de tres a cinco veces menor. El estudio de su genoma reveló la razón. El elefante posee hasta veinte copias de un importante gen supresor de tumores: el llamado *TP53* (*tumor protein 53*). Este gen induce a las células al suicidio cuando detecta que estas han sufrido daño en el ADN, lo que puede conducir a la transformación de la célula en tumoral. Los estudios realizados han revelado que, si se daña al ADN de las células de elefante por radiación ultravioleta o métodos químicos, las células se suicidan con una frecuencia mucho mayor que las humanas, las cuales solo poseen dos copias de *TP53*. Si se introduce una copia del gen *TP53* de elefante en células tumorales humanas, estas también se suicidan con mayor frecuencia. La razón es que el gen de elefante es más activo que el humano e induce la muerte de las células con menores niveles de daño del ADN. Así pues, en el elefante, *TP53* induce la muerte temprana de las células que al menor indicio podrían convertirse en rebeldes, y las mata con eficacia si se han rebelado. Algunos investigadores están explorando si el gen *TP53* de elefante podría utilizarse para tratar cánceres humanos por medio de terapia génica.

Además del gen *TP53*, un estudio reciente ha descubierto que el elefante también posee once copias del gen *LIF* (Factor Inhibidor de Leucemias). Las proteínas generadas por estas copias del gen *LIF* también pueden inducir el suicidio celular en respuesta al daño del ADN por otros mecanismos, complementarios a los usados por TP53. Vemos así que el elefante cuenta con impactantes y sólidas estrategias moleculares para controlar la rebelión de sus células. Esto es, sin duda, un factor que incide en la elevada longevidad de estos animales.

OTRAS ALTERNATIVAS

Inducir la muerte por suicidio no es el único método por el que los animales pueden impedir el desarrollo del cáncer. Estudios realizados con la rata topo, que vive más de treinta años (en comparación, una rata normal solo vive unos dos años), y que tampoco sufre de cáncer, han revelado que este animal ha desarrollado otro mecanismo para impedir la rebelión celular. En este caso, las células de la rata topo son extremadamente sensibles al contacto con otras células, y dejan de dividirse si el contacto se produce. Esta hipersensibilidad al contacto se debe a que sus células producen una gruesa capa de ácido hialurónico, un polímero de carbohidratos (como lo es el almidón o la celulosa) cuyas moléculas se repelen ente sí debido las cargas negativas que poseen. Cuando los investigadores eliminaron esta capa de ácido hialurónico en ratas topo mediante enzimas que lo degradan, estas desarrollaron tumores. Las diferencias genéticas entre ratas topo y humanos no hacen posible, en principio, pensar en estrategias antitumorales por medio del empleo de ácido hialurónico.

Aún otra interesante estrategia antitumoral es la empleada por los capibaras, unos roedores de más de un metro de alto y de unos 50-60 kg de peso, que habitan Sudamérica y que pueden vivir hasta diez años. El gigantismo de estos roedores provino de mutaciones en genes que responden frente a los factores de crecimiento, lo que hizo crecer mucho más a estos animales. Esto conllevó más células y más riesgo de desarrollar cáncer. Durante la evolución, estos animales disminuyeron ese riesgo desarrollando un sistema inmunitario más sensible a las células tumorales y capaz de eliminarlas con gran eficacia. El estudio de los genes que posibilitan esta eficacia al sistema inmunitario podría ayudar al desarrollo de estrategias inmunoterapéuticas en el caso humano.

Información valiosa contra el cáncer puede tal vez obtenerse también del estudio de unos murciélagos con una longevidad de unos 45 años. Además de contar con copias extra del gen *TP53*, estos animales son capaces de mantener los extremos de los cromosomas, los llamados telómeros, en muy buena forma. La longitud de los telómeros es un indicador de la longevidad y de la salud de las células, ya que los telómeros se acortan con cada división celular, hasta que, al cabo de unas decenas de divisiones, estos prácticamente desaparecen, lo que convierte a los cromosomas en inestables y las células mueren. Este acortamiento, sin embargo, no sucede en células tumorales. Comprender por qué en el caso de estos murciélagos la longitud de los telómeros no acaba por incrementar la incidencia del cáncer puede ser importante en la lucha contra esta enfermedad.

Por último, un animal enorme y muy longevo, la ballena boreal, que puede llegar a pesar cien toneladas y vivir doscientos años, tampoco tiene una elevada incidencia de cáncer. En este caso, se desconoce aún cómo este animal lo consigue, porque no posee copias extras del gen *TP53*. Será necesario investigar más su biología molecular y celular para descubrirlo. Esperemos que estas y otras investigaciones ayuden a conseguir erradicar el cáncer de la Humanidad.

Referencia: Viviane Callier (2019) Solving Peto's Paradox to better understand cancer. https://www.pnas.org/cgi/doi/10.1073/pnas.1821517116

26 de mayo de 2019

EL COSTE MENTAL DE LA EMPATÍA

No puedo dejar de esbozar una sonrisa cuando oigo decir a algún comentarista, líder político o líder religioso que tenemos que ser mejores ciudadanos, más solidarios, más felices o cualquier otro objetivo que ellos consideran bueno para la sociedad. No niego que conseguir el objetivo que propugnan no mejore las cosas, pero la cuestión más importante es: ¿cómo lo conseguimos? Tras siglos y siglos de consejos similares, la Humanidad no ha logrado todavía ser buena, solidaria, altruista, honesta… Y hace ya más de dos milenios que alguien importante dijo: ama al prójimo como a ti mismo. En vista de los acontecimientos, seguimos muy lejos de conseguirlo. ¿Por qué?

En mi opinión, la respuesta a esta pregunta solo puede provenir del estudio científico de la naturaleza humana y de nuestra psicología. Si obtuviéramos la respuesta, podríamos desarrollar estrategias psicosociales efectivas para, si no fomentar el amor, al menos sí limitar el odio o la indiferencia frente al prójimo. De otro modo, la situación sigue siendo similar a la de ese enfermo al que decimos que sería bueno que sanara, pero no le informamos de cómo hacerlo ni le sugerimos tratamiento alguno. Sin método, los objetivos jamás pueden conseguirse.

Uno de los consejos que más se escuchan últimamente es que debemos ser más empáticos con los demás, en particular con los refugiados, los inmigrantes, los pobres, los enfermos. Sin duda, es un buen consejo. La empatía es una de las habilidades cognitivas más importantes para navegar en la vida. Como sabemos, consiste en comprender el estado de ánimo del otro, ponerse en su lugar y acercarnos así a experimentar sus emociones. Es conocido que la empatía puede favorecer las interacciones mutuamente beneficiosas con los demás. Puesto que esto es así, ¿por qué no somos todos más empáticos?

Para arrojar luz sobre esta aparente paradoja, la investigación en disciplinas tan diversas como la psicología social, la economía, la filosofía o las neurociencias ha dedicado importantes esfuerzos a estudiar la empatía. Hasta el momento, los estudios se habían enfocado en los obstáculos que dificultan la empatía, como el coste material y de tiempo (donaciones, voluntariado), o el coste emocional de sentir el malestar, la angustia y el estrés del otro. Normalmente, evitamos situaciones que demandan nuestra empatía cuando esta cuesta dinero, tiempo, o genera malestar emocional.

Ahora, un grupo de investigadores de las universidades de Pennsylvania y de Toronto estudian aún otro factor que podría afectar negativamente a nuestra capacidad o voluntad de sentir empatía: el esfuerzo mental que conlleva sentirse empático con los demás. Para estudiar este factor, que también fomenta que tantos y tantas eviten las ciencias, los investigadores realizan experimentos con voluntarios en condiciones en las que ser empático no costara ni tiempo, ni dinero, e incluso pudiera permitir experimentar emociones positivas. Al fin y al cabo, uno puede ser empático también con quienes son felices.

ELECCIÓN DE LA EMPATÍA

Los estudios incluyen once experimentos con 1.200 participantes. Uno de estos experimentos intentaba responder a la pregunta de, si dada la posibilidad, los participantes preferían libremente sentir empatía o no. Para ello, los voluntarios podían elegir una fotografía de uno de dos montones. Las fotografías mostraban, en general, niños refugiados en situaciones duras. Si elegía una fotografía del primer montón, el voluntario debía simplemente describirla, pero si elegía una fotografía del segundo montón, el voluntario debía intentar sentir empatía con las personas que aparecían en ella y averiguar sus sentimientos. ¿De cuál de los dos montones elegirían los participantes fotografías con mayor frecuencia?

En otra serie de experimentos, las fotografías mostraban a personas tristes o alegres. De nuevo, los participantes podían elegir libremente extraer una fotografía de uno de los dos montones. En el caso de elegir una fotografía del montón de las personas tristes, solo se requería describir a la persona, mientras que, si se elegía una fotografía del montón de las personas alegres, había que intentar sentirse empático con ella.

Los resultados de estos experimentos indicaron que las personas intentamos evitar sentir empatía por los demás incluso cuando esto conlleva sentirse felices. Las fotografías del montón que obligaba a sentir empatía solo fueron elegidas un 35% de las veces, es decir, las fotografías del otro montón fueron elegidas casi el doble. La elección no estaba influida por costes monetarios o de tiempo, puesto que los participantes solo tenían que hacer el esfuerzo intelectual y emocional de sentirse empáticos.

Cuando, en cuestionarios subsiguientes, se preguntó a los participantes por las razones de su elección, estos manifestaron que evocar el sentimiento de empatía les resultaba intelectualmente más costoso que simplemente describir una escena o un rostro. Sabiendo esto, los investigadores intentaron averiguar si era o no posible estimular a las personas a sentirse más empáticas con los demás. Para ello, dijeron a un grupo de voluntarios que eran superiores al

95% de los demás en su capacidad de sentir empatía, pero solo eran mediocres describiendo escenas o rostros. A otro grupo, el grupo control, le dijeron lo contrario. En estas condiciones, los participantes a quienes se había hecho creer que eran excelentes empáticos eligieron con mayor frecuencia fotografías que requerían sentir empatía y afirmaron necesitar menor esfuerzo intelectual para ser empáticos que los otros.

Estos estudios indican que ser empático con los demás no solo no surge de manera natural en el ser humano, sino que puede ser voluntariamente evitado. Se hacen por tanto necesarias estrategias para fomentar la empatía, como también es necesario estimular las matemáticas, entre otras muchas cosas beneficiosas que no resultan siempre agradables, ni fáciles. Educar y estimular la empatía desde la infancia temprana, no obstante, podría resultar en importantes beneficios para la sociedad.

Referencia: C. Daryl Cameron et al (2019). Empathy Is Hard Work: People Choose to Avoid Empathy Because of Its Cognitive Costs. April 18, 2019. http://dx.doi.org/10.1037/xge0000595

2 de junio de 2019

POROS DE MUERTE Y DE VIDA

En mi opinión, no somos conscientes de la maravilla de moléculas y procesos moleculares que funcionan a cada instante y nos mantienen con vida. Por su puesto, los cientos de reacciones metabólicas que tienen lugar en cada una de nuestras células pertenecen a esa categoría, pero también son fundamentales para mantenernos vivos procesos moleculares que suceden en el exterior de las células, en la sangre y en los líquidos que bañan órganos y tejidos del organismo.

Uno de esos procesos, bien conocido por todos, es la coagulación sanguínea, el cual, si no funciona bien, produce disfunciones generadoras de peligrosos trombos que obstruyen la circulación o, al contrario, generadoras de una coagulación demasiado lenta que causaría hemorragias frecuentes. Es lo que sucede con la hemofilia. La coagulación sanguínea es, sin duda, un proceso prodigioso en el que intervienen de manera ordenada más de una decena de proteínas, además de las células de la sangre denominadas plaquetas, que ejercen un papel imprescindible de tapón de los vasos sanguíneos rotos para evitar la fuga de sangre.

Otro proceso menos conocido, pero no menos complejo ni importante que la coagulación sanguínea, es la activación del complemento. El complemento es un sistema molecular especializado en detectar ciertas moléculas propias de las bacterias, o a bacterias recubiertas de anticuerpos. Detecta, por consiguiente, de manera directa o ayudado por los anticuerpos, moléculas propias de los enemigos bacterianos que intentan infectarnos. Por si esto fuera poco, el sistema se activa espontáneamente de todos modos, haya detectado bacterias o no, por si acaso alguna bacteria puede pasar desapercibida e iniciar un foco de infección al no ser eliminada a tiempo. El complemento, por tanto, está siempre en estado de alerta frente al enemigo.

El sistema del complemento está formado por veinticinco proteínas que se encuentran en un estado inactivo y que cuando se activan constituyen tres cascadas de reacciones bioquímicas, inicialmente independientes, que confluyen en un punto común. Estas cascadas moleculares conducen desde la activación de unas proteínas iniciales a la activación de proteínas intermedias, ya comunes a las tres cascadas y, por último, a la activación de un complejo final de proteínas, igualmente común a las tres cascadas.

Es esta parte final común a las tres cascadas bioquímicas la que resulta más interesante desde el punto de vista de su funcionamiento. Y es que la activación de las proteínas finales conduce a que 18 moléculas de la última de ellas, la llamada proteína C9, se ensamblen juntas de manera espontánea para formar poros minúsculos que perforan la superficie de las bacterias. Estos poros son de un diámetro de alrededor de 10.000 veces menor que el de un cabello humano.

A pesar de su pequeño tamaño, este es suficiente para ejercer su efecto mortal. Los poros en las membranas de cualquier célula causan su muerte porque la membrana celular, formada solo por dos capas de moléculas de naturaleza grasa, es la barrera que separa la vida del interior de la célula de la no-vida del exterior. La formación de poros en la membrana pone en contacto ambos mundos, el vivo y el no vivo, y cuando eso sucede siempre prevalece el mundo no vivo y causa la muerte. Las bacterias perforadas por el complejo de proteínas del complemento mueren porque el líquido exterior entra por los poros, al ser el interior bacteriano una solución más concentrada que el medio exterior. Esto rompe el desequilibrio iónico entre ambos mundos, lo que conduce a la detención de los procesos de generación de energía metabólica y, finalmente, acaba por hinchar a la bacteria y hacerla explotar.

UN TIEMPO VITAL

Un grave problema con esto es que la activación del complemento no discrimina bien entre las bacterias y nuestras propias células. Los poros pueden formarse en ambas. Afortunadamente, nuestras células, si están sanas, cuentan con proteínas en su membrana que detienen la formación de los poros si estos comienzan a formarse. Esto impide que nuestras células mueran por el mismo proceso por el que el complemento mata a las bacterias. En otras palabras, tenemos el antídoto para nuestro propio veneno.

Aunque la estructura de los poros se ha podido determinar gracias a estudios de microscopia electrónica y otras técnicas, no se había podido observar todavía el proceso dinámico de su formación. Recientemente, investigadores del University College de Londres han sido capaces de filmar el proceso de formación de los poros. Para ello, utilizan una técnica microscópica llamada microscopía rápida de fuerza atómica, que funciona obteniendo información no mediante la luz, sino mediante el tacto, deslizando una pequeñísima aguja sobre la superficie de lo que se desea examinar para detectar cambios en su textura.

En este caso, los científicos examinan una superficie bacteriana artificial sobre la que activan el complemento para que este forme los poros. Este estudio ha permitido averiguar un hecho hasta ahora desconocido. Cuando el primer ejemplar de la última proteína activada del complemento, como hemos dicho, la proteína C9, debe insertarse en la membrana para comenzar a formar el poro junto con 17 de sus compañeras, el proceso se detiene por un breve instante. Este breve instante es vital. Durante el mismo, si el poro se está formando en una de nuestras células, esta tiene tiempo para detener su formación gracias a las proteínas de la membrana que frenan este proceso. Esta breve pausa no afecta, sin embargo, a la capacidad de formar poros en las bacterias, que carecen de las proteínas capaces de detener su formación.

Vemos así cómo el mecanismo de activación del complemento está finamente ajustado en el tiempo de modo que nuestras células puedan defenderse de sus dañinos efectos si es necesario, pero no así las bacterias, que perecerán perforadas, sin remedio para ellas. Gracias a estos estudios, nos damos cuenta con mayor detalle de la maravilla de procesos que se han generado durante nuestra evolución para mantenernos con vida, impidiendo infecciones bacterianas mortales.

Referencia: Edward S. Parsons et al. (2019) Single-molecule kinetics of pore assembly by the membrane attack complex. Nature Comm. https://www.nature.com/articles/s41467-019-10058-7

9 de junio de 2019

EVOLUCIÓN AGRIDULCE

Creo firmemente que, si la Humanidad debe entender cómo y por qué apareció y el significado de su existencia, debemos conocer cómo funciona la evolución. Somos el resultado de un proceso evolutivo fascinante y, lo que es más importante, hemos sido y continuamos siendo un factor importante en la evolución y supervivencia de otras especies, algunas de las cuales existen y son como son porque las hemos hecho de esa manera.

Una historia muy ilustrativa para ayudarnos a comprender cómo las acciones humanas afectan a la nuestra y también a la evolución de otras especies es la domesticación del almendro. La almendra es el principal fruto seco cultivado en el mundo. La producción anual de almendra se estima en alrededor de 2,2 millones de toneladas, con una superficie total cultivada de alrededor de 1,9 millones de hectáreas.

Lo anterior puede no parecer sorprendente hoy, pero para entender lo que significa es necesario saber que el ancestro de las almendras actuales no solo era amargo, sino también tóxico. Probablemente todos estemos familiarizados con las almendras amargas, que de vez en cuando pueden aparecer acompañando a las almendras dulces. Las almendras amargas son ahora la excepción a la regla, pero hace unos miles de años eran la regla. La excepción eran los escasos mutantes que habían perdido la capacidad de sintetizar el compuesto amargo y tóxico llamado amigdalina (amígdala significa almendra en latín) y que producían almendras dulces. La amigdalina es un compuesto tóxico derivado de un aminoácido común, la fenilalanina, sintetizado a partir de este en unas pocas reacciones bioquímicas, catalizadas, como todas las reacciones bioquímicas, por enzimas específicas. Estas reacciones bioquímicas dan como resultado la adición al aminoácido de una molécula de cianuro, así como la adición de dos moléculas de glucosa, el carbohidrato más común. Esto crea una molécula soluble que puede ser fácilmente absorbida por el intestino si es ingerida.

Una vez dentro del cuerpo, la amigdalina puede liberar cianuro y provocar una intoxicación si la dosis ingerida es alta. Este efecto protegió a las almendras de ser consumidas por los animales y la producción de amigdalina fue, por lo tanto, un factor que favoreció la supervivencia y expansión de los almendros. Así, la amigdalina fue un hallazgo evolutivo que promovió la supervivencia. Como resultado de ello, su producción no se limitó a las almendras y muchas otras plantas, en particular las pertenecientes a la misma familia a la que pertenece el almendro, la familia de las Rosáceas, sintetiza la amigdalina y la acumula en las semillas de sus frutos. Estos incluyen manzanas, ciruelas, albaricoques y melocotones.

Sin embargo, durante la evolución, la aparición de uno u otro mutante es inevitable. De vez en cuando, aparecían mutantes que carecían de al menos uno de los genes funcionales implicados en la producción de amigdalina. Estos mutantes produjeron semillas comestibles y, por lo tanto, no tuvieron una reproducción tan exitosa como sus congéneres normales. Eran rápidamente eliminados de la faz de la tierra.

EXPANSIÓN DIRIGIDA

Esto fue así hasta que apareció una nueva especie. Una especie con la capacidad de comprender y manipular como nunca el entorno en el que vivía. Esta especie es la nuestra. Un día, un miembro de nuestra especie tropezó con un almendro mutante que carecía de amigdalina. Sus semillas se podían comer y eran altamente nutritivas. Este inteligente individuo pensó que podría ser muy beneficioso tratar de cultivar este árbol mutante (incluso si en ese momento nadie sabía qué era un mutante) y usar sus semillas como alimento.

De esta manera, los almendros dulces comenzaron una gran expansión y, gracias a la ayuda de los humanos, llegaron a dominar en la población de almendros. La producción de la amigdalina, antes una ventaja que permitía aumentar la supervivencia de la especie, se convirtió ahora en una seria desventaja. Los almendros productores de amigdalina comenzaron a desaparecer y fueron reemplazados por sus variantes mutantes de semillas dulces. Hoy en día el reemplazo ha sido casi completo.

La época precisa en la que comenzó este curso de eventos sigue siendo controvertida, aunque los estudios arqueológicos y genéticos sugieren que ocurrió en la llamada Media Luna Fértil, la cuna de la civilización, durante la primera mitad del Holoceno, un período que comenzó hace 11,650 años. Las almendras se cultivaron principalmente alrededor de la cuenca mediterránea, y se han encontrado en la tumba de Tutankamón y en la antigua Grecia. Más recientemente, fueron introducidas en América (principalmente en California) y en algunas áreas del hemisferio sur. Las almendras son un ingrediente básico de alimentos tan importantes como el turrón, sin el cual la Navidad en España no podría ser adecuadamente entendida.

Un paso más, de importancia económica, en la comprensión de la evolución del almendro ha sido dado recientemente por un equipo internacional de científicos que ha secuenciado su genoma. No solo eso. El equipo ha comparado también los genomas de los almendros que carecen de la producción de amigdalina con los de los árboles que aún producen esta sustancia tóxica. Esto les ha permitido identificar los genes mutados involucrados en la síntesis bioquímica de esta sustancia. Sorprendentemente, estos genes no generan las enzimas responsables de la biosíntesis de amigdalina, sino que generan factores de transcripción, es decir, proteínas que actúan sobre el interruptor on-off que activa a los genes productores de estas enzimas. Sin el funcionamiento adecuado de este interruptor, los genes de los enzimas permanecen en un estado inactivo, los enzimas no se producen y la amigdalina no se puede sintetizar. Las almendras se pueden comer y resultan deliciosas.

Este estudio, publicado en la revista *Science*, proporciona nuevos conocimientos que pueden utilizarse para la domesticación de otras plantas generadoras de productos tóxicos o desagradables que las hacen incomestibles, en particular de aquellas plantas que producen sustancias similares a la amigdalalina, como algunas variedades de mandioca. Y es que la domesticación de nuevas plantas podría ser importante para alimentar a una humanidad en constante crecimiento.

Referencia: R. Sánchez-Pérez et al (2019). Mutation of a bHLH transcription factor allowed almond domestication Science 14 JUNE 2019 • VOL 364 ISSUE 6445.

16 de junio de 2019

UN MEJOR PERMISO PARA MATAR

La comprensión y manipulación inteligente de los fascinantes y complejos mecanismos por los que el sistema inmunitario nos defiende de los enemigos externos e internos está logrando que se pongan a punto eficaces inmunoterapias contra el cáncer. Gracias a ellas, se han conseguido curaciones de esta enfermedad que solo hace unos años hubieran sido consideradas milagrosas.

Sin embargo, muchos de los conocimientos adquiridos sobre el funcionamiento del sistema inmunitario no han sido utilizados todavía para intentar generar nuevas estrategias de inmunoterapia. Por ejemplo, es conocido que las células inmunitarias más importantes para eliminar a las células tumorales son los llamados linfocitos asesinos naturales, o NK, por sus siglas en inglés (*Natural Killer*). Se cree que estas células, que todos poseemos de forma innata, son aún mas importantes para mantener a raya a los tumores que los llamados linfocitos T citotóxicos, los cuales también pueden activarse al detectar células tumorales para matarlas.

Es igualmente conocido que las células del sistema inmunitario necesitan de estímulos continuados para ejercer su función. Uno de los mas importantes lo constituyen unas proteínas llamadas citocinas, de las que existen varias decenas. Las citocinas actúan como factores activadores de las células que las detectan. Esta detección se realiza porque las células destinatarias poseen proteínas receptoras para ellas. Al detectarlas, estas proteínas desencadenan en el interior celular una serie de eventos moleculares que conducen a que ciertos genes que antes estaban apagados se pongan en marcha y produzcan así las armas que la célula necesita para ejercer su función defensiva. En el caso de las células NK y T citotóxicas, estas armas son, entre otras, las moléculas que posibilitan matar a otras células.

Los inmunólogos han descubierto que la citocina más importante para la estimulación de la actividad asesina de las células NK y de los linfocitos T citotóxicos es la llamada interleucina-15 (IL-15). Por consiguiente, es sensato pensar que la administración de IL-15 potenciaría la actividad antitumoral de las células NK y T citotóxicas. En efecto, en animales de laboratorio se ha comprobado que esto es lo que sucede, aunque los resultados de estos estudios no han sido tan prometedores como se esperaba, ya que se ha comprobado que, una vez administrada, la IL-15 desaparece rápidamente de la circulación, por lo que sus efectos antitumorales no son muy importantes.

Y es que, como bien saben mis estudiantes de Inmunología, en el sistema inmunitario todo es más complicado de lo que la mente humana puede imaginar. En particular, las cosas se complican cuando se trata de dar permiso para matar a las propias células del organismo, que es en realidad lo que hacen las células NK y las células T citotóxicas. Es verdad, se trata de eliminar a células rebeldes, como las cancerosas, o a células que han sido subyugadas por un malvado invasor que las utiliza para sus propios fines, como las células infectadas por los virus, pero no dejan de ser nuestras propias células. Es necesario estar seguro de que solo matamos a las necesarias.

COMUNICACIÓN ENTRE CÉLULAS

Por esta razón, conseguir los "permisos moleculares" para matar no es fácil, y requiere del concurso de una o más células que deben entrar en contacto directo con la célula asesina para darle ese permiso. En el caso de la IL-15, antes de que esta pueda estimular a las células NK y T citotóxicas, necesita ser captada por un receptor presente en la superficie de una de las células que dan los "permisos", y desde ahí puede ser presentada a las células NK o T, las cuales la detectarán con otro receptor diferente del primero. Hace falta, por tanto, una comunicación celular en la que intervienen dos células diferentes, cada una con su receptor para la IL-15. La primera actúa de presentadora de esta citocina y no reacciona frente a ella, pero su acción es fundamental para activar a los linfocitos T y células NK.

Por consiguiente, para que la IL-15 sea eficaz contra el cáncer, no solo hay que administrarla; es necesario también aumentar la cantidad de células presentadoras de IL-15 y que estas posean elevadas cantidades del receptor presentador. Para intentar conseguir esta difícil situación, un equipo de investigadores de la Universidad de Ohio, EE.UU., ha utilizado la terapia génica.

Los investigadores conocían que el tejido adiposo contiene en su interior numerosas células NK y linfocitos que lo invaden, quizá para obtener la energía que necesitan a partir de la grasa almacenada en él. Los científicos desarrollan un sistema basado en un virus, al cual modifican para introducirle los genes del receptor presentador de la IL-15 y de la propia IL-15, y también para que este virus solo pueda infectar a los adipocitos (las células adiposas) y no a otras células. Utilizando este virus modificado, e inofensivo, los científicos infectan con él a ratones de laboratorio y consiguen que tanto los genes de la IL-15 como los del receptor presentador se introduzcan en sus adipocitos. Estos, de este modo, se ven convertidos en células tanto altas productoras como presentadoras de IL-15.

Los investigadores comprueban que esta manipulación genética de los adipocitos conduce a un aumento de la cantidad de células NK en estos animales, sin que por ello se produzcan efectos secundarios apreciables. Lo más importante, sin embargo, es que cuando los animales son inyectados con células tumorales de pulmón o de melanoma, los ratones sobreviven al desarrollo del cáncer mucho más tiempo que los ratones cuyos adipocitos no han sido modificados genéticamente.

Es la primera vez que se consigue desarrollar en el laboratorio una técnica de inmunoterapia génica indirecta contra el cáncer, en la que las células modificadas genéticamente no son células del sistema inmunitario, sino adipocitos. Si en el futuro se consigue utilizar esta estrategia terapéutica con seguridad en el caso humano, se dispondrá de una nueva terapia antitumoral que, sumada a las existentes, promete aumentar la probabilidad de curación de un amplio espectro de tipos de cáncer.

Referencia: Xiao et al., Adipocytes: A Novel Target for IL-15/IL-15Ra Cancer Gene Therapy, Molecular Therapy (2019), https://doi.org/10.1016/j.ymthe.2019.02.011

23 de junio de 2019

BAÑOS Y DAÑOS A FLORA DE PIEL

Comienza el periodo estival en el hemisferio norte y millones y millones de personas van a aprovecharlo para darse múltiples baños en mares y océanos. Supongo que buena parte de esas personas creen que esto del baño en el mar es una actividad de lo más saludable, mientras evitemos ahogarnos, que nos pique una medusa o nos muerda un tiburón, o nos bañemos en una playa con buena calidad del agua. ¿Están en lo cierto? ¿Hay pruebas suficientes para pensar así?

Es fácil pensar que lo que resulta agradable no es malsano, hasta que a algún aguafiestas, normalmente algún científico, se le ocurre estudiar si esto es o no cierto. Es así como hemos averiguado, entre otras muchas cosas, que demasiados alimentos apetitosos no son necesariamente beneficiosos para la salud de quien los come.

Y, cómo no, a un grupo de científicos les ha dado ahora por estudiar uno de los potenciales efectos tal vez más insospechados del baño estival, un efecto que hasta ahora solo unos pocos consideraban importante: cambios inducidos por el baño marino en las especies de bacterias que componen la flora bacteriana de nuestra piel.

Conviene recordar que el mar está densamente poblado de bichos en potencia mucho más peligrosos que los tiburones o las medusas, y de los que no podemos escapar en modo alguno si nos sumergimos en sus aguas: las bacterias. El análisis de la calidad de las aguas de las playas debe tener en cuenta a las bacterias que viven en estas. Obviamente, contaminaciones por aguas residuales, pero también por aguas de escorrentía debidas a tormentas o aguaceros, pueden modificar de manera sustancial a las especies bacterianas que viven en las aguas costeras. Esto puede conducir a que bañarse en esas aguas y tragar tan solo una pequeña cantidad de ellas, lo que de una forma u otra resulta casi inevitable, pueda causarnos una infección intestinal o respiratoria.

No obstante, supongamos que podamos evitar ingerir incluso la menor gota de agua pegada a nuestros labios durante o tras un baño. Pues bien, ni siquiera en ese improbable supuesto estaríamos exentos del riesgo de infectarnos si las bacterias marinas se adhieren a nuestra piel y permanecen sobre ella. ¿Es eso posible?

Sí, es posible, claro. Para empezar, todos y cada uno de nosotros llevamos bacterias adheridas a la piel. La piel es la principal barrera física que nos protege de las infecciones y, curiosamente, en esta función colaboran las bacterias comensales y no patogénicas que viven adheridas a ella. Estas bacterias, junto con algunos virus y hongos microscópicos, constituyen lo que se llama el microbioma de la piel, similar al microbioma intestinal, más conocido como flora intestinal, constituido por cientos de especies de bacterias y otros microorganismos que viven en colaboración con nosotros.

RUPTURA DEL EQUILIBRIO

Las bacterias del microbioma de la piel están adaptadas a vivir en un ambiente más bien duro, seco, ácido y sin demasiado aporte de alimentos, muy diferente del ambiente del interior del intestino, más acogedor para las bacterias. Sin embargo, su función no es menos importante para nosotros, ya que, como las bacterias intestinales, también participan en la correcta educación del sistema inmunitario, además de impedir que bacterias menos amistosas se establezcan sobre la piel, puesto que al ocupar su superficie no les dejan sitio para adherirse a ella. Esta adhesión es fundamental para, si la piel es dañada, permitirles eventualmente penetrar al interior del organismo e infectarlo.

Las diferentes especies bacterianas de la piel viven en equilibrio unas con otras. Este equilibrio puede ser roto por agresiones externas, como, por ejemplo, al ducharnos o bañarnos en casa con un gel de ducha demasiado agresivo. Esto deja huecos exentos de bacterias en la superficie de la piel en los que podrían establecerse otras más peligrosas y conducir a la generación de enfermedades infecciosas.

La cuestión que permanecía sin ser esclarecida era si un baño en el mar, sin jabón ni detergente alguno, afectaba también al equilibrio de la microbiota de la piel. En este caso, el peligro podría ser doble, puesto que el baño podría, en primer lugar, despegar a las bacterias beneficiosas de la piel y, al mismo tiempo, permitir que las bacterias del agua marina, algunas de ellas patogénicas, colonizaran los espacios de la piel dejados libres por aquellas. Esta posibilidad venía apoyada por algunos estudios que indicaban una tendencia positiva entre la frecuencia de baños en el mar y la ocurrencia de infecciones.

Para comprobar los efectos del baño en el mar sobre el microbioma de la piel, investigadores de la Universidad de California reclutan a nueve voluntarios que no habían usado crema solar ni se habían duchado en al menos doce horas, se bañaban más bien poco en el mar y no habían tomado antibióticos en los últimos seis meses. Mediante técnicas de biología molecular, el microbioma de estas personas en la zona de su nuca es analizado antes de bañarse y tras diez minutos de baño en el mar, una vez se han secado completamente. El análisis es repetido seis y veinticuatro horas después.

¿Qué encontraron estos estudios? No son buenas noticias. La microbiota había sufrido notables cambios. En particular, bacterias del género Vibrio (al que pertenece la bacteria que causa el cólera), normalmente ausentes del microbioma, se encontraron ahora en la piel. Estas bacterias se detectaron en todos los participantes tras haberse secado y a las seis horas del baño, pero, afortunadamente, a las veinticuatro horas las bacterias habían desaparecido de todos menos de uno de ellos. Curiosamente, la proporción de estas bacterias en la piel era diez veces superior a la presente en el agua marina, lo que indica que este género de bacterias tiene una clara preferencia por adherirse a nuestra piel durante el baño.

Estos estudios indican que tan solo diez minutos de baño en el mar pueden modificar drásticamente el microbioma de la piel, al menos durante unas horas. Es desconocida la modificación que el microbioma puede sufrir con baños más prolongados y combinados con largas exposiciones al sol y a cremas solares. Como no resulta extraño, estos estudios parecen indicar que es mejor moderar los baños en el mar y su duración. Vamos, lo mismo que ya nos decía nuestra abuela.

Referencia: https://www.eurekalert.org/pub_releases/2019-06/asfm-osa061719.php

30 de junio de 2019

LOS ASTROCITOS SON TAMBIÉN ESTRELLAS

Todos sabemos que las células más importantes del sistema nervioso son las neuronas. Son estas las actrices estrella, las que llevan a cabo nada menos que la transmisión de la información, sin la cual la civilización no existiría. De hecho, no existirían tampoco las salvajes redes sociales, ni las *fake news*. Para bien o para mal, sin información no somos nada.

Las neuronas son unas células muy consagradas a su función. Para ejercerla adecuadamente, han delegado otras funciones a células de su alrededor que las apoyan. Entre estas se encuentran los astrocitos, así llamados porque poseen numerosas ramificaciones que les dan forma de estrella, aunque, como digo, las estrellas no parecen ser ellas, sino las neuronas.

Tal vez pensemos que, por su papel estelar, las neuronas son las células más numerosas del sistema nervioso, y que los astrocitos y otras células que les dan el apoyo que necesitan son menos numerosas. Sin embargo, esto es completamente falso, ya que los atrocitos son, al menos, tan numerosos como las neuronas. De hecho, la proporción más aceptada hoy es la de tres astrocitos por cada dos neuronas.

La investigación reciente está revelando interesantísimos hechos sobre el papel de los astrocitos. Estos cumplen numerosas funciones, como dar apoyo a las células de los vasos sanguíneos cerebrales que forman la barrera hematoencefálica, proveer de nutrientes, entre otros de la esencial glucosa, a las neuronas, proteger las sinapsis envolviéndolas con sus largas prolongaciones que les han dado su nombre, y enviar ciertas señales a las neuronas mediante iones o neurotransmisores, lo que sugiere que los astrocitos ejercen también una función importante en la regulación de la transmisión de la información. Además, también participan en la reparación del tejido nervioso si este sufre algún daño.

La influencia de los astrocitos sobre el nivel general de inteligencia de las diferentes especies, e incluso sobre las diferencias en los niveles de esta en los humanos, parece cada vez más claro. Por ejemplo, estudios sobre el cerebro de Einstein revelaron que, aunque este no tenía más neuronas de lo normal, si contenía más astrocitos en zonas del cerebro relacionadas con el razonamiento matemático. No está claro, sin embargo, si esto tiene que ver con la causa de la genialidad de este científico universal.

DETOXIFICACIÓN ESTELAR

Ahora, un grupo de investigación publica los resultados de sus nuevos estudios, los cuales añaden una importante función a los astrocitos: la detoxificación de las grasas oxidadas. Para entender la importancia de esta función en la salud de nuestros cerebros es necesario saber que la ramificación de las neuronas, necesaria para formar las numerosísimas sinapsis, conlleva que estas células necesiten de un gran aporte de grasa, normalmente de grasa insaturada. Esto es así porque la membrana de las células está formada por dos capas de moléculas grasas, por lo que cuantas más ramificaciones deba formar una célula en su membrana, más superficie debe poseer con respecto a su volumen y más grasa requiere para mantener esa relación.

Las neuronas necesitan gestionar todas las moléculas grasas que poseen, tanto su incorporación o síntesis, como su degradación. En condiciones normales, pueden hacerlo, pero cuando las neuronas necesitan realizar una tarea intensa y activar las sinapsis por encima de los niveles normales, estas células requieren dedicar a ello mucha energía. La energía se genera mediante oxidación de la glucosa, pero esta oxidación puede también oxidar a los ácidos grasos insaturados y convertirlos en tóxicos para las neuronas.

Cuando esto sucede, las células ponen en marcha mecanismos de detoxificación. Sin embargo, estos también requieren de energía, la cual las neuronas, en un estado de elevada actividad, no pueden dedicar a esta tarea. Aquí es donde intervienen los astrocitos.

Y es que, de acuerdo con lo que se ha descubierto, las neuronas "externalizan" las tareas de detoxificación de los ácidos grasos. Para ello, unen las grasas a una proteína especial encargada de su transporte al exterior. Se trata de la proteína llamada ApoE, generada por el gen del mismo nombre. Esta proteína capta las grasas tóxicas o en exceso en el interior de las neuronas y es secretada con ellas al exterior. Una vez secretada, es captada por los astrocitos e incorporada a su interior, donde la grasa se acumula en forma de microscópicas gotas. Al mismo tiempo, las neuronas secretan también un neurotransmisor, el llamado glutamato, que estimula a los astrocitos a oxidar por completo esas grasas captadas en las mitocondrias y a eliminarlas, generando energía.

De este modo, la intensa actividad neuronal desencadena un mecanismo de consumo de grasas tóxicas en los astrocitos. Los científicos también encuentran que estos tienen funcionando numerosos genes relacionados con el estrés oxidativo, y que los protegen de este. Estos genes no pueden funcionar a un nivel tan elevado en las neuronas, que deben dedicar su energía a otras labores.

Es conocido desde hace tiempo que uno de los genes relacionados con el Alzheimer es la variante ApoE4 del gen de la ApoE. Este gen incrementa su funcionamiento en condiciones de estrés para expulsar mayor cantidad de grasas hacia los astrocitos, pero la capacidad de expulsión y transporte de grasas desde las neuronas a los astrocitos depende de la eficacia de la variante de gen ApoE que tengamos. Estudios anteriores ya habían apuntado hacia la posibilidad de que la variante ApoE4 sea la menos eficaz en este trasporte, lo que incrementaría el riesgo de muerte neuronal por estrés oxidativo y podría conducir al desarrollo de Alzheimer. De ser esto así, fármacos que facilitaran la acción detoxificadora de los astrocitos podrían proteger del desarrollo de esta terrible enfermedad.

En conclusión, no solo las neuronas son actrices estelares del sistema nervioso. Los astrocitos también desempeñan un papel estelar, por lo que su nombre no solo hace honor a su forma, sino también a su importante función.

Referencias: Ioannou et al., Neuron-Astrocyte Metabolic Coupling Protects against Activity-Induced Fatty Acid Toxicity, Cell (2019), https://doi.org/10.1016/j.cell.2019.04.001
https://www.inc.com/mithu-storoni/what-einsteins-brain-tells-us-about-intelligence-a.html

7 de julio de 2019

SOMOS MOSAICOS CELULARES SIEMPRE CRECIENTES

Uno de los aspectos de la investigación científica que me parecen más injustos es la discriminación que existe entre disciplinas a la hora de financiar su actividad. Mientras dedicar miles de millones de dólares o euros a la Física pura, para comprender, por ejemplo, el origen de la energía o materia oscuras del universo es posible sin necesidad de realizar grandes promesas a la Humanidad, la investigación en Biología pura está escasamente financiada y es necesario, en general, prometer avances frente a enfermedades para conseguir financiación adecuada.

Afortunadamente, la investigación sobre las enfermedades ha permitido realizar importantes avances en ciencia fundamental, y quizá el cáncer sea la enfermedad cuya investigación haya aportado más conocimiento puro a la Biología. Estudiar cómo se genera y cómo progresa ha permitido desvelar una miríada de genes y mecanismos involucrados en la vida normal de las células. La investigación ha dejado también claro que el cáncer se produce gracias a la generación de un clon de células derivado de una original, la cual ha sufrido mutaciones en ciertos genes que controlan la división celular.

¿Cómo se han producido esas mutaciones y por qué? Hasta muy recientemente se creía que las células de un órgano o de un tejido son todas idénticas, excepto algunas que, por algún tipo de agresión, sea química por alguna sustancia dañina, o física, como los rayos ultravioletas del sol, han sufrido mutaciones que pueden convertirlas en tumorales. Son estas células diferentes las que pueden con el tiempo originar un cáncer.

Esta idea parecía razonable, puesto que todas las células de un órgano derivan de células madre que, en principio, no contienen mutaciones. Sin embargo, ya sabemos que en ciencia no es posible conformarse con lo que parece ser de sentido común. Si se hubiera hecho así la mecánica cuántica y la relatividad no se habrían descubierto jamás. No, el sentido común solo sirve para elaborar ideas aparentemente razonables que luego es necesario comprobar enfrentándolas a la realidad.

Esto no siempre es fácil o posible, porque, en ocasiones, para enfrentar una idea a la realidad es necesario esperar a que se desarrolle una tecnología que haga ese enfrentamiento posible. En el caso que nos ocupa, para comprobar si todas las células de un órgano son genéticamente idénticas sería necesario separarlas, analizar el genoma, o al menos una parte importante de este, de miles de ellas, y comparar esos genomas entre las diversas células

113

analizadas en busca de potenciales diferencias. Como sin duda podemos maginar, se trataría de un trabajo tedioso que necesitaría de herramientas de obtención y análisis de datos genómicos muy poderosas.

NUMEROSAS MUTACIONES

Evidentemente, uno no se pone a realizar este tipo de costosísimo análisis sin algún dato previo que sugiera que puede ser fructífero. Datos previos en este sentido habían sido obtenidos gracias al análisis genético de varios tipos de cánceres y su comparación con los genomas de las células normales de los que los cánceres derivan. Los datos obtenidos indicaban que las mutaciones encontradas en los tumores se encontraban también en muchas células aparentemente sanas o que, al menos, aún no se habían convertido en tumorales.

Considerando estos datos, un grupo de investigadores de varias universidades estadounidenses utiliza la tecnología de secuenciación de ARN, no de ADN, para analizar las posibles mutaciones acumuladas en los tejidos sanos de quinientas personas. El ARN es un ácido nucleico del que se generan múltiples copias como resultado del funcionamiento de los genes, copias que poseen una secuencia de letras idéntica a la de estos. Puesto que existen cientos de copias de este ARN correspondientes a cada gen que funciona en una célula dada, esto facilita la secuenciación y detección de mutaciones incluso solo en unas pocas células.

Los científicos obtienen así la prueba de que al menos 29 tejidos y órganos diferentes del organismo están constituidos por células que han ido mutando a lo largo de la vida y que se han reproducido, transmitiendo las mutaciones a las células hijas. Esto indica que cada tejido es como un mosaico, formado por un conjunto de clones celulares, cada uno con varias mutaciones diferentes. Algunas de esas mutaciones, en efecto, podrían conducir a que al menos una célula de uno de los clones se convierta en cancerosa.

El organismo se revela, pues, como un mosaico de clones celulares de tallas diferentes y con mutaciones diferentes. Es un mosaico viviente, por supuesto, en el que muchas de las piezas van incrementándose y creciendo a lo largo de la vida, a medida que las células se reproducen y, como consecuencia, mutan, y a medida que diferentes agresiones del medio ambiente inducen mutaciones aquí y allá en el genoma.

Un 33% de los clones analizados contenía al menos una mutación que aumentaba la probabilidad de conducir a un cáncer. Los clones compuestos por un mayor número de células son los que más fácilmente pueden originar un cáncer, ya que es más probable que una de las células mutadas mute aún más y se transforme en tumoral. Afortunadamente, grandes clones no eran

114

frecuentes, pero, aun así, los clones de más de 30.000 células, considerados ya grandes, suponían un 5% de los loes detectados.

Los científicos también descubren que, como era de esperar, el número de clones y la cantidad de mutaciones aumenta con la edad y hacia el final de la vida cada ser humano es un enorme mosaico celular, particularmente en la piel y en el esófago, dos órganos con una elevada reproducción celular y que están expuestos a agresiones externas del medio ambiente. Ambos factores se conjugan para aumentar la probabilidad de un cáncer.

Estos estudios abren la posibilidad de desarrollar métodos para determinar de manera muy precisa el riesgo de cáncer en las diferentes personas, así como para detectar este de manera muy temprana, lo que permitirá vencerlo con mayor frecuencia. El avance contra el cáncer continua inexorable.

Referencia: Keren Yizhak et al. RNA sequence analysis reveals macroscopic somatic clonal expansion across normal tissues. Science 364, eaaw0726 (2019).

14 de julio de 2019

EVOLUCIÓN DE LA TRISTEZA SIMULADA Y DE LOS
PERROS REALES

Los humanos hemos influido enormemente en la evolución de los animales domesticados. La domesticación ha provocado incluso un conjunto de síntomas, llamado síndrome del animal doméstico, descubierto por el propio Charles Darwin, de características similares en todas las especies de animales domesticados. Estas incluyen: docilidad, cambios en el color del pelo, dientes más pequeños, orejas caídas, colas retorcidas, mayor frecuencia de los ciclos reproductivos, alteración en algunos neurotransmisores y niveles de las hormonas adrenales relacionadas con el estrés, un comportamiento juvenil en la edad adulta y cerebros más pequeños.

En ninguna especie el síndrome del animal doméstico es más evidente que en los perros. Por supuesto, el vínculo entre humanos y perros es más intenso que el que se pueda establecer con cualquier otra especie animal, incluso, en algunos casos, con los propios humanos. Esta relación amorosa e intensamente emotiva comenzó hace unos 33.000 años, cuando los primeros lobos comenzaron a ser domesticados.

Mientras la domesticación de los animales de granja resultó en la selección de los mejores ejemplares para ser utilizados en el trabajo agrícola (como "pata de obra") o como fuente de alimento, la domesticación de los perros no fue motivada por los mismos objetivos. En este caso, se seleccionó el comportamiento. Los animales con mayor lealtad, coraje e inteligencia fueron elegidos frente a los que carecían de esas cualidades. Quizás la cualidad más favorecida fue la capacidad de comprender la comunicación humana, tanto verbal como no verbal. Los perros son muy superiores a otros animales domesticados en esta habilidad, incluso también a animales criados en contacto con humanos muy relacionados con nosotros y muy inteligentes, como los chimpancés. La evolución de los perros en compañía de los humanos consiguió que estos alcanzaran una capacidad para comprendernos a un nivel nunca logrado por ninguna otra especie.

Estudios recientes han demostrado que el contacto visual, anteriormente signo de amenaza entre los lobos, se convirtió en una parte fundamental de la interacción amistosa y cercana entre perros y humanos. El contacto visual es, de hecho, una característica fundamental de la comunicación humana y nuestro ojo incluso ha evolucionado de manera que facilitamos a otros identificar con precisión hacia dónde o qué miramos. Esta es la razón por la que nuestros ojos poseen un centro coloreado, el iris, rodeado por la esclerótica, mejor conocida como "el blanco del ojo". El contacto visual les ayuda a saber si la comunicación se dirige hacia ellos, ya que se ha demostrado que los perros tienden a ignorar las señales gestuales cuando los ojos de los humanos no les resultan visibles.

EVOLUCIÓN MUSCULAR

La tendencia de los perros a establecer contacto visual con los humanos parece ser un rasgo genéticamente determinado, ya que buscan establecerlo muy temprano en la vida y sin recibir ningún entrenamiento particular para desencadenar este comportamiento. La insistencia con la que los perros buscan el contacto visual con los humanos está relacionada con la intensidad del vínculo emocional del perro con una persona determinada. Esta es, sin duda, una característica que se ha incrementado durante la evolución de los perros, y que probablemente ha sido seleccionada, consciente o inconscientemente, por los humanos.

Aún más sorprendente es el hecho de que el vínculo entre los perros y los humanos parece estar fisiológicamente relacionado con el vínculo entre madre e hijo, es decir, se basa en mecanismos bioquímicos similares, en particular la hormona oxitocina se libera en ambas especies. La oxitocina es una hormona involucrada en el vínculo temprano entre la madre y el niño y también participa en el sentimiento de confianza entre adultos. La liberación de oxitocina inicia un circuito de retroalimentación positiva, ya que los niveles elevados de esta hormona estimulan la búsqueda de la mirada del otro, en quien de este modo confiamos cada vez más.

Todo esto indica que, durante la evolución de los perros, aquellos que indujeron una respuesta más afectuosa por parte de los humanos fueron seleccionados preferentemente para reproducirse. Es posible que la selección no haya sido consciente por nuestra parte, sino simplemente motivada por las emociones positivas provocadas por algunos perros, aunque no por otros.

¿Qué características de los perros facilitaron el contacto visual y desencadenaron esas emociones? Basándose en el estudio de las preferencias humanas sobre las expresiones de los perros, se ha demostrado que los humanos preferimos perros con características propias de animales muy jóvenes. Una característica particular muy atractiva para los humanos es la capacidad de los perros de levantar las cejas intensamente. Esto simula la cara de un bebé y da la impresión de que el perro experimenta tristeza o algún tipo de angustia, y desencadena en nosotros una respuesta emocional.

La elevación de la ceja solo es posible gracias a la función de un músculo concreto. Por esta razón, un grupo de científicos ha estudiado la anatomía de la cara del perro y la ha comparado a con la del lobo. Descubren que el músculo que levanta las cejas está muy bien desarrollado en los perros, pero solo cuenta con escasas fibras en los lobos. La única especie de perro sin este músculo bien desarrollado es el husky siberiano, una de las razas de perros más antiguas.

Cuando son expuestos a la presencia de un ser humano durante dos minutos, los perros levantan sus cejas con mayor frecuencia e intensidad que los lobos. Estos hallazgos sugieren que los perros pueden haber evolucionado sus expresivas cejas como resultado de la selección artificial realizada por los humanos que experimentaron emociones positivas desencadenadas por los perros. Estas emociones provocan, en la mayoría de los seres humanos, un comportamiento afectuoso para alimentarlos, protegerlos y darles un paseo. ¿Quién es el verdadero amo?

Referencias: Juliane Kaminskia et al (2019). Evolution of facial muscle anatomy in dogs. https://www.pnas.org/cgi/doi/10.1073/pnas.1820653116
https://jorlab.blogspot.com/2015/01/el-sindrome-del-animal-domestico.html   -
https://jorlab.blogspot.com/2010/11/el-blanco-de-la-mirada.html

21 de julio de 2019

Fuerza protón-motriz y la cura del cáncer

Cuando hablamos de las características universales de la vida, generalmente mencionamos la capacidad de reproducción, el código genético, el requisito ineluctable de agua líquida, o incluso de grasas líquidas. Sin embargo, muy raramente se menciona el proceso universal mediante el cual la vida obtiene la energía que necesita para generar la molécula de energía universal: la molécula de ATP. Esto es quizás así porque la forma en que las células, todas las células, procariotas y eucariotas, obtienen su energía es muy extraña: el paso de protones a través de una membrana celular siguiendo un gradiente de concentración. Te dije que era extraño, pero vamos a intentar explicarlo.

Vamos a fijarnos en las células eucariotas, que poseen un núcleo, de las que estamos formados. Para generar las moléculas de ATP, necesarias para impulsar las reacciones metabólicas, incluidas la síntesis de ADN, ARN y proteínas, las células eucariotas deben crear una mayor concentración de protones en el lado externo de la membrana mitocondrial interna. Las mitocondrias poseen dos membranas, separadas por un espacio estrecho, y es en este espacio, en la cara externa de la membrana interna, donde los protones deben acumularse. Esta acumulación simplemente significa que hay más protones en un lado de la membrana interna mitocondrial que en el otro lado. Como todo en el universo tiende a un equilibrio, esta diferencia significa que los protones tenderán a pasar a través de esta membrana en la dirección adecuada para alcanzar el equilibrio deseado, es decir, para igualar el número de protones a ambos lados.

¿Por qué protones? Los protones son las partículas que forman el núcleo de los átomos de hidrógeno. Estos átomos están formados, como sabemos, por un protón de carga positiva rodeado por un electrón de carga negativa. Los átomos de hidrógeno son los más abundantes en todos los organismos vivos, ya que se encuentran dos veces en cada molécula de agua. Cuando un átomo de hidrógeno pierde su electrón, se convierte en un protón desnudo. Pero ¿por qué razón un átomo de hidrógeno perdería su electrón?

Y bien, los átomos pierden y ganan electrones continuamente. De hecho, esta es la base de todas las reacciones químicas, sin las cuales la vida no existiría. Los átomos comparten electrones con otros de capacidad similar para atraer electrones, o los roban de otros átomos con menor capacidad para hacerlo. Un átomo que ha perdido uno o más electrones se encuentra en un estado oxidado.

Esto puede ayudar a explicar por qué los protones se generan fácilmente, ya que los átomos de hidrógeno pueden ser cómodamente desprovistos de sus electrones. Esto sucede durante el proceso de respiración, en el que las moléculas de los alimentos se oxidan en la mitocondria en varios pasos. Cada paso de este proceso libera energía que se utiliza para generar protones y acumularlos en el espacio entre las membranas mitocondriales internas y externas.

Un flujo sin fin

Sin embargo, las membranas celulares son impermeables a los protones, ya que estos están cargados y son hidrófilos, pero las membranas son grasas e hidrófobas. Por lo tanto, los protones no pueden pasar a través de las membranas a menos que se abran compuertas pequeñas específicas para permitir su paso. Estas compuertas en la membrana interna de la mitocondria están conectadas a una máquina molecular extraordinaria que funciona como un pequeño molino. Esta máquina utiliza el paso de protones a través de la compuerta para producir ATP. La energía acumulada en forma de un mayor número de protones en un lado de la membrana se transforma así primero en energía mecánica que mueve el molino, y luego en energía química al fabricar este moléculas de ATP.

La cantidad de energía acumulada no es pequeña. El potencial eléctrico creado entre ambos lados de la membrana es de la misma magnitud que el potencial eléctrico de un rayo. Además, cada segundo, alrededor de 10 elevado a 21 protones pasan a través de las membranas mitocondriales de todas las células del cuerpo combinadas. Esta es realmente una cantidad enorme, equivalente a la de todas las estrellas en el universo, cada segundo. Si este flujo de protones se detuviera, las células morirían en pocos instantes y nosotros moriríamos con ellas. Piénsalo cuando respires. La respiración es necesaria para mantener este enorme flujo de protones siempre funcionando.

Muy bien, pero ¿qué tiene todo esto que ver con una cura para el cáncer?

Como sabemos, las células cancerosas se dividen continuamente y, por lo tanto, sus necesidades metabólicas son diferentes a las de las células en reposo. Por esa razón, la mayoría de las células cancerosas exhiben flexibilidad metabólica, lo que les permite soportar las fluctuaciones en las concentraciones intratumorales de glucosa (y otros nutrientes) y los cambios en la disponibilidad de oxígeno. Los nutrientes y el oxígeno deben alcanzar las mitocondrias para que se puedan producir las moléculas de ATP necesarias.

Estas adaptaciones de las células cancerosas las hacen más fuertes, pero al mismo tiempo proporcionan nuevas dianas para las intervenciones terapéuticas. Por ejemplo, se ha descubierto que una de las funciones de los estrógenos en el cáncer de mama es generar una adaptación metabólica para que los derivados de la glucosa se transporten a las mitocondrias y puedan oxidarse para generar ATP. La interrupción de la actividad de los estrógenos impide esta adaptación; sin embargo, esto no produce un deterioro en el crecimiento de las células cancerosas.

Un grupo de investigadores de la Universidad de Duke ha desvelado por qué. Aparentemente, las células cancerosas usan varios trucos para obtener la energía que necesitan en diferentes circunstancias, y cuando los estrógenos son bloqueados, comienzan a usar aminoácidos en lugar de glucosa como fuente de energía para mantener el flujo de protones. Esto ofrece ahora la posibilidad de intentar bloquear también el uso de aminoácidos por parte de las células cancerosas para evitar su crecimiento. Como vemos, el conocimiento fundamental sobre las características universales de la vida puede resultar de la mayor importancia para intentar curar al menos un tipo de cáncer.

Referencia: Sunghee Park et al. Inhibition of ERRa Prevents Mitochondrial Pyruvate Uptake Exposing NADPH-Generating Pathways as Targetable Vulnerabilities in Breast Cancer. Cell Reports 27, 3587–3601, 2019. https://doi.org/10.1016/j.celrep.2019.05.066

28 de julio de 2019

Colapsología

Hoy pocos dudan de que el mundo se ha internado por un camino del que no se ve fácilmente la salida. Vivimos tiempos no de una, sino de múltiples crisis: la crisis climática, la económica y financiera, la de los plásticos, la superpoblación, la extinción masiva de especies... (incluye aquí tu tipo de crisis favorita). Debido a estas múltiples crisis, algunos científicos han comenzado a analizar si el actual curso que lleva la Humanidad es viable. Muchos concluyen que no, y que de continuar cómo vamos, o incluso si variamos el curso, pero no con suficiente decisión y valentía, lo que nos espera es el colapso de la civilización. Este colapso se perfila como un punto final ineluctable de no tomar serias medidas. Pocos se atreven a predecir si sucederá pronto o tarde, aunque también pocos dudan que sucederá.

Es necesario considerar una gran cantidad de factores para comprender por qué y cómo una civilización puede colapsar y desaparecer. Como todo, para abordar esto de manera seria, es necesario hacerlo de manera sistemática y controlada, es decir, científica. Por esta razón, puede ya afirmarse hoy que algunos científicos han iniciado una nueva rama de la ciencia: la colapsología (aunque este no es todavía su nombre oficial), dedicada al estudio de los factores que condujeron al colapso de antiguas civilizaciones, con el objetivo de extraer conclusiones válidas sobre los factores que podrían causar el colapso de nuestra civilización.

Dos apuntes son necesarios para entender mejor las razones de esta nueva ciencia, y su urgencia. El primero es que vivimos hoy en un mundo tan interconectado e interdependiente que no es ya posible decir que la Humanidad está compuesta por varias civilizaciones o culturas desconectadas, como sucedió en la antigüedad. Esto implica que el colapso de la única civilización en la que ya vivimos supondría el colapso del mundo entero, tal y como lo conocemos. El segundo apunte necesario para comprender esta ciencia es que la colapsología no se limita a investigaciones arqueológicas para desvelar las razones que han podido llevar a la desaparición de una u otra civilización en el pasado. Gracias a la informática, los científicos pueden ahora generar modelos de ordenador donde incluir los datos de las investigaciones arqueológicas en forma de complejas ecuaciones para intentar capturar los diferentes factores que pueden conducir al colapso de las civilizaciones y, lo que es más crítico, evaluar su importancia relativa, ya que no es lo mismo una crisis alimentaria que una social. Jugando con las ecuaciones de diferentes modelos informáticos, los científicos intentan predecir si determinados factores pueden acelerar el curso hacia un potencial colapso o, al contrario, evitarlo.

Sin embargo, son numerosas las incógnitas a las que esta ciencia naciente debe hacer frente. Para empezar, ¿cómo definimos el colapso de una civilización? ¿Supone este la muerte de la mayoría de su población?, ¿la pérdida de identidad del sistema?, ¿la simplificación extrema de la complejidad social de la que hoy disfrutamos y que permite la extrema diversificación de bienes producidos y de servicios ofrecidos?

La definición objetiva de lo que supone el colapso de una civilización es evidentemente fundamental si pretendemos modelizarlo por ordenador para analizar los factores capaces de causarlo o de prevenirlo. Para definirlo, solo disponemos de los datos relativos al colapso de antiguas civilizaciones, como la de la Isla de Pascua, el imperio Romano de occidente, el imperio Maya o la enorme ciudad asiática de Angkor, que alcanzó una extensión diez veces mayor que la del París actual.

CIVILIZACIONES POCO ROBUSTAS

De acuerdo con estos datos, parece que una de las características que acompañan al colapso de todas las civilizaciones es una disminución de la complejidad social, así como una pérdida de conocimiento tecnológico propio de cada civilización. Sin embargo, esta pérdida es más una consecuencia que una causa. Los estudios indican que, en cuanto a las causas del colapso, estas pueden ser muy diversas y van desde grandes catástrofes, pasando por cambios climáticos que afectan el rendimiento de las cosechas, a un aumento de la complejidad que no puede ser mantenida. Por ejemplo, en el caso de la ciudad de Angkor se cree que el sistema de conducción de agua llegó a ser tan complejo y de tan difícil mantenimiento que sus habitantes la abandonaron.

Otra de las constantes que aparecen tanto en los modelos de ordenador, como en el caso de datos reales de antiguas civilizaciones, es que los colapsos de estas no son repentinos, sino resultado de un proceso de degeneración que puede durar siglos. Averiguar si este proceso ha comenzado en nuestro caso puede ser importante para tomar medidas inmediatas encaminadas a detenerlo, si sabemos cómo hacerlo.

En todo caso, estos estudios confirman lo que ya se sabía: las sociedades son sistemas complejos cuyo funcionamiento reposa sobre ciertos pilares fundamentales. Si estos fallan, el sistema puede dejar de funcionar. Esto es menos probable que suceda si el sistema es robusto, es decir, si cuenta con mecanismos de reparación y sustitución de componentes fallidos, de modo que un malfuncionamiento no se traduzca en inoperancias inmediatas. Un ejemplo sería disponer de sistemas que aseguren el funcionamiento de la red eléctrica, a pesar de las averías que puedan producirse, ya que de ella dependen hoy la práctica totalidad de las comunicaciones y el propio sistema económico y financiero. Un sistema robusto, que, no obstante, no siempre funciona, es la Justicia, la cual suele necesitar del concurso de varios tribunales jerarquizados para asegurar su eficacia. Si alguno comete un error es posible acudir a otro, hasta llegar al Supremo.

Sin embargo, a medida que los sistemas se hacen más complejos y dependen de más y más componentes, o de componentes más sofisticados, su robustez disminuye. Cada vez hay menos personas con el conocimiento necesario para hacer funcionar correctamente esos sistemas. Las sociedades se hacen más vulnerables. Descubrir esas vulnerabilidades y su peso relativo en el posible colapso futuro será una ardua tarea. Otra, aún más ardua, será conseguir que una vez descubiertas los responsables políticos mundiales escuchen y comprendan a los científicos. ¿Será este otro factor que nos conducirá al colapso?

Referencia: https://www.science-et-vie.com/science-et-culture/theorie-de-l-effondrement-notre-civilisation-peut-elle-vraiment-disparaitre-49692. Science et Vie. June 2019.

4 de agosto de 2019

FIBRA PARA LAS VACUNAS

En los últimos años, se ha producido un gran impulso en las investigaciones sobre los efectos de la microbiota en nuestra salud. Recordemos que la microbiota, más conocida popularmente como flora, la constituyen los miles de especies bacterianas que viven sobre la piel y, en particular, sobre la superficie interna del organismo, en el intestino.

Uno de los hechos revelado por los estudios sobre la microbiota es que esta y nosotros hemos evolucionado de manera conjunta. Viajando juntos a lo largo de esta evolución hemos llegado a un acuerdo, a una comprensión mutua, a una colaboración necesaria para la vida de ambos.

Casi con seguridad, no fue siempre tan idílico como parece serlo ahora. En los inicios de esta evolución, la microbiota supuso tal vez más una amenaza que una colaboración. Al fin y al cabo, se trata de bacterias que son siempre capaces, al menor descuido, de penetrar en el organismo e invadirlo, causando una infección mortal. Como resultado de esta amenaza constante, nuestro sistema inmunitario se desarrolló en gran medida para mantener a la microbiota bajo control, dejándola vivir en la superficie del organismo, pero luchando contra ella con enorme ferocidad al menor intento de penetración de las barreras epiteliales que lo recubren.

Tal es así que hoy el sistema inmunitario necesita de la microbiota para su adecuado desarrollo. Experimentos realizados con animales criados en condiciones que impiden que su intestino y piel sean colonizados por la microbiota han demostrado que el sistema inmunitario no alcanza su plena funcionalidad en ausencia de esta.

Una pregunta que toda persona racional debe hacerse tras establecerse la realidad de un hecho es: ¿cómo funciona? En otras palabras: ¿cuáles son los factores y cuál es el proceso que lo hacen posible? En el caso de la microbiota, se ha comprobado que las moléculas propias de las bacterias, por ejemplo, algunas de las que conforman la pared externa de estas, son fundamentales para activar las células del sistema inmunitario innato. Estas células se denominan así porque poseen en su membrana, de manera innata, moléculas capaces de detectar a muchos componentes de los microorganismos y de enviar señales bioquímicas para iniciar su actividad defensiva.

Sin embargo, las células cuya actividad resulta más determinante para defendernos de las infecciones son las células del sistema inmunitario adaptativo, así llamado porque genera moléculas detectoras de antígenos extraños al organismo adaptadas a cada uno de los microrganismos concretos que pueden invadirlo. Las células más importantes de este sistema son los linfocitos T, que se desarrollan en el órgano llamado timo (de ahí la T de su nombre), situado por encima del corazón.

METABOLISMO DE LA FLORA Y VACUNAS

Los linfocitos T son los más importantes del sistema inmunitario porque son los que organizan el proceso de defensa frente a uno u otro microorganismo concreto. Sin embargo, los linfocitos T no se activan a menos que una clase particular de células del sistema inmune innato capturen a un enemigo, lo digieran, y lo presenten en su membrana en forma de fragmentos de este. Solo algunos de los linfocitos T detectarán uno u otro de esos fragmentos y se activarán.

La activación conlleva dos efectos fundamentales. El primero es la generación de un clon de miles de linfocitos T activados idénticos que van a hacer frente a la infección. El segundo es la generación de linfocitos T memoria. Estos linfocitos memoria recuerdan al microrganismo particular con el que se han encontrado y si el organismo se encuentra con el mismo microrganismo por segunda, tercera o más veces, se activan mucho más rápidamente al detectar sus fragmentos y ponen en marcha los mecanismos de defensa adecuados de manera mucho más eficaz.

Los linfocitos T memoria son fundamentales para el buen funcionamiento de las vacunas. Para ser eficaz, una vacuna debe sobre todo estimular la generación de linfocitos memoria. No es necesario que las vacunas generen linfocitos activados para hacer frente a una infección, ya que las vacunas no incluyen en general organismos vivos, sino solo componentes moleculares de estos que no pueden por sí mismos causar infección alguna. Por consiguiente, lo que una vacuna debe ante todo conseguir es generar linfocitos T memoria, que se activarán más rápidamente cuando encuentren al microrganismo en la vida real.

Por estas razones, investigadores de la Universidad de Melbourne deciden estudiar si la flora intestinal también desempeña alguna función en la generación de los linfocitos T memoria. Para estudiarlo, en primer lugar, realizan un ingenioso experimento en el que trasfieren linfocitos T de un ratón normal a otro que carece de linfocitos T y de flora intestinal y estudian si esos linfocitos pueden transformarse en linfocitos T memoria. Encuentran que esa transformación no se produce. Por consiguiente, la flora intestinal es fundamental para la generación de los linfocitos T memoria y, por tanto, para la eficacia de las vacunas. ¿Por qué?

En subsiguientes experimentos, los investigadores descubren que la flora intestinal produce, a partir de la fermentación de fibras alimenticias, los llamados ácidos grasos de cadena corta, como el ácido butírico (de la familia del butano) el propiónico (del propano) y el acético (el del vinagre). Estos ácidos grasos cortos resultan ser una fuente de energía fundamental para los linfocitos T memoria y sin ellos su generación resulta imposible. Estos ácidos grasos consiguen también modular el metabolismo de los linfocitos T memoria y alargarles la vida desde unas semanas, que es lo que viven los linfocitos T activados, a varios años, que es lo que pueden llegar a vivir los linfocitos T memoria para protegernos de manera duradera de las infecciones.

Estos descubrimientos indican que una flora intestinal sana es importante para conseguir un mejor efecto de las vacunas y una mejor defensa frente a las infecciones. Intervenir sobre la salud de la flora antes de la vacunación puede, por tanto, ser un factor que potencie más aún los enormes efectos beneficiosos de las vacunas.

Referencia: Bachem et al., Microbiota-Derived Short-Chain Fatty Acids Promote the Memory Potential of Antigen-Activated CD8+ T Cells, Immunity (2019), https://doi.org/10.1016/j.immuni.2019.06.002

11 de agosto de 2019

EVOLUCIÓN DE LA ENFERMEDAD MENTAL

Una de las ideas tal vez más sorprendentes y difíciles de admitir para muchos es que el concepto de enfermedad depende en numerosos casos de los tiempos y de la cultura en la que nos encontremos inmersos. La inevitable influencia de la cultura en la que nacemos a veces nos ahoga la mente e impide que analicemos con objetividad determinadas ideas que nos vienen dadas. Una de estas ideas es la de enfermedad.

No pretendo decir que enfermedades como la gripe o el cólera dependan de los tiempos y de la cultura. No se trata de eso. Se trata de otras condiciones del ser humano cuya consideración social puede variar dependiendo del avance del conocimiento y de la evolución de la percepción social de dicha condición. Un ejemplo puede ser la homosexualidad, considerada aún por algunos en distintas partes del mundo como una enfermedad, o un pecado. Afortunadamente, la percepción sobre esta condición ha cambiado mucho en algunos países, no en todos, y en esos países los homosexuales no son ya generalmente considerados anormales ni enfermos. Otro ejemplo, en sentido contrario, es la obesidad, considerada antes consecuencia de una débil voluntad, de glotonería, o de cometer el pecado de la gula, la cual, sin embargo, es considerada hoy una enfermedad, muy condicionada por los genes que hayamos podido heredar.

Otra categoría de enfermedades que depende de la percepción social y de la influencia que la sociedad ejerce sobre las ideas y conceptos tenidos por ciertos es la de las enfermedades mentales. Alrededor del 20% de las personas en el mundo occidental sufre lo que hoy se considera una enfermedad mental. La mitad de la población de dicho mundo será diagnosticada con una u otra enfermedad mental a lo largo de su vida. Ante la magnitud epidémica de estos datos, cabe preguntarse si todas las enfermedades mentales son en verdad enfermedades, o si solo son consideradas como tales en el momento social actual y a la luz de los conocimientos científicos actuales.

Sea como sea, una pregunta que algunos científicos se han formulado es por qué nuestro cerebro está diseñado de tal manera que nos hace vulnerables, y normalmente infelices y desgraciados, en lugar de estar diseñado para hacernos fuertes y felices. Las respuestas que se están proponiendo para esta pregunta tienen mucho más que ver con los genes y la evolución humana que con factores filosóficos o religiosos.

Tomemos por ejemplo la depresión, una condición cuya incidencia y prevalencia no dejan de aumentar. Todos los organismos animales necesitan tomar decisiones sobre dónde invierten sus esfuerzos y energía para alimentarse, reproducirse y sobrevivir. Hay tiempos más propicios que otros para invertir energía y recursos y obtener los resultados buscados. Invertir energía en malos tiempos y no obtener el resultado apetecido es un despilfarro que puede acarrear graves consecuencias. Por esta razón, conviene disponer de un mecanismo de ahorro de energía cuando las cosas van mal, un mecanismo que nos haga sentir pesimistas, bajos de moral, y que detenga nuestros impulsos cuando no obtenemos los resultados buscados. Un excesivo optimismo cuando corren malos tiempos podría resultar incluso mortal, por lo que sentirse deprimido puede ayudar a preservar la vida durante los malos tiempos.

SUPERVIVENCIA DE LOS GENES

A lo largo de la evolución de la nuestra y de otras especies, sentirse deprimido de acuerdo con las circunstancias fue "descubierto" como un mecanismo de supervivencia, basado, por supuesto, en el funcionamiento de ciertos genes que eran transmitidos a los descendientes por los supervivientes capaces de haberse reproducido de cada generación. Un grave problema en la actualidad es que nuestra sociedad se ha convertido en un sistema tan complejo y exigente que solo muy pocos consiguen los objetivos buscados. Nuestro cerebro no ha podido evolucionar a la velocidad que lo ha hecho nuestra "civilización". Además, variantes de esos genes pueden incrementar la susceptibilidad a sentirse deprimido, lo que en un mundo hostil acabará por inducir una fuerte depresión a quienes posean esas variantes.

Parece, por tanto, que tenemos buenas razones para experimentar emociones negativas, y no solo sentirnos deprimidos, sino también ansiosos o temerosos. Estas emociones negativas pudieron ayudar a la supervivencia de nuestros ancestros y a aumentar sus probabilidades de reproducción. La evolución de nuestra especie no condujo a hacernos más felices, sino a que nuestros genes pudieran sobrevivir y ser así "felices" ellos, no nosotros.

Lo anterior sugiere que las enfermedades mentales asociadas a las emociones negativas no son resultado de procesos anómalos, sino de procesos normales, que nos han acompañado durante millones de años, y que, por alguna razón, pueden alcanzar proporciones extremas en la sociedad actual. Un ejemplo de esto lo constituye los intensos ataques de pánico que pueden sufrir algunas personas. Estos ataques son resultado de un proceso necesario para la supervivencia: un intenso miedo que nos hace luchar o huir. Este proceso ha ayudado a nuestra supervivencia, pero en determinadas personas resulta inadecuado a las circunstancias sociales y más intenso de lo que es procedente.

Las consideraciones anteriores, y otros datos que no tenemos tiempo de analizar en profundidad aquí, aconsejan una revisión sobre el concepto de enfermedad mental. ¿Cuáles de ellas se deben a defectos en procesos mentales normales y cuáles son solo signos de aviso que intentan conseguir una mejor supervivencia de nuestros genes? Sentir dolor no es una enfermedad, es solo una señal de que algo va mal y debe ser remediado. ¿No podría suceder lo mismo con condiciones, como la ansiedad, la depresión y otras situaciones tenidas por patológicas?

Las enfermedades mentales, al menos muchas de ellas, pueden ser solo manifestaciones de procesos seleccionados durante nuestra evolución. Tal vez necesitemos por ello evolucionar nuestras ideas para adecuarlas a la realidad de nuestro mundo mental, y ayudar así a acabar con el estigma que suponen estas enfermedades para las personas y la sociedad.

Reference: Raldoph Ness (director, Center for Evolution and Medicine, Arizona State University). Good reasons for bad feelings. Insights from the Frontier of Evolutionary Psychiatry. ISBN: 9780241291085. February 19, 2019.

18 de agosto de 2019

CARIÑO, LA DESIGUALDAD ME HIZO MACHACAR A LOS NIÑOS

Un factor que raramente aparece en las clasificaciones de los países de acuerdo con el grado de desarrollo es qué padres son mejores. ¿Son los padres y madres chinos, o japoneses mejores padres que los franceses o alemanes? Es más. ¿Por qué existen diferentes estilos educativos en diferentes países? ¿Por qué unos padres son muy exigentes con los resultados escolares de sus hijos y otros no lo son tanto? ¿Son solo diferencias culturales, o influyen también otros factores?

Es posible que cada uno proponga una idea diferente si desea intentar responder a esta pregunta, pero, como suelo decir, en ausencia de datos y de un análisis de la situación, las respuestas que propongamos serán solo opiniones, no verdaderas respuestas basadas en hechos, que es como la ciencia intenta responder a las preguntas, así como también plantearse preguntas nuevas.

Menciono esto porque, a veces, la realidad desvelada por la ciencia entra en colisión directa con nuestras queridas, ¡qué digo!, adoradas e idolatradas, ideas. Es entonces cuando se acusa a la ciencia y a los científicos de "meterse" en política, o en religión, o en lo que sea, como si la política, la ciencia y la religión formaran parte de mundos diferentes. Es esta otra bonita idea que también choca con la lógica realidad de que no hay nada fuera del universo.

No obstante, la ciencia solo pretende desvelar la realidad y comprenderla. Resulta molesto que la realidad no coincida siempre con lo que pensamos, o vaya contra el "sentido común". Y, sí, resulta molesto que la realidad no coincida a veces con nuestras ideas en política o nuestras creencias religiosas. Qué le vamos a hacer.

El asunto de por qué diferentes países y culturas muestran diferencias notables en la manera con que los padres y madres intentan educar a sus hijos ha sido abordado por un extenso estudio dirigido por los profesores de economía Mathias Doepke, de la Universidad Northwestern, en Chicago, y Fabrizio Zilibotti, de la Universidad de Yale, en New Haven, Connecticut, USA. La conclusión a la que llegan estos dos investigadores en sociología y economía es que el principal factor que afecta al estilo educativo de los padres en diferentes países, o en el mismo país a lo largo del tiempo, no es la cultura, es la desigualdad económica. Vaya.

DATOS SORPRENDENTES

Para llegar a esta polémica conclusión los científicos se apoyan en un amplio cuerpo de datos que se han tomado la molestia de adquirir y analizar. Por supuesto, estos datos confirman que todos los padres y madres en cualquier país suelen desear lo mejor para sus hijos y a ello dedican el esfuerzo necesario.

¿Por qué sería entonces la desigualdad económica el factor principal que afecta a cómo los padres deciden intentar educar a sus hijos? Parece que la diferencia de salario, y de futuro, entre las personas con estudios y las que carecen de ellos, siendo muy alta en países de elevada desigualdad económica, indica a los padres que deben dedicar mucha atención al éxito escolar de sus hijos. Esto aumenta el nivel de exigencia a los pequeños en países de mayor desigualdad. En cambio, en países de menor desigualdad, los niños viven infancias más relajadas, en las que se prima la creatividad, la libertad y la responsabilidad y no tanto el duro trabajo para conseguir buenos resultados escolares.

¿Qué datos avalan todo esto? Los investigadores obtienen datos de varios países con diferentes grados de desigualdad económica. Estos datos indican, por ejemplo, que el 90 % de los padres de China, Rusia o Turquía, países de elevada desigualdad, cree que los resultados escolares son muy importantes. En Estados Unidos, donde la desigualdad es elevada, pero no tan alta, solo el 66% de los padres piensa lo mismo. Por el contrario, en Suecia, un país con mucha menor desigualdad que los anteriores, solo el 10% de los padres piensa que trabajar duro para conseguir buenas notas es importante. De hecho, en Suecia, la mayoría de los padres piensa lo contrario: que es inhumano hacer trabajar mucho a los niños, sobre todo temprano en la vida, y que lo mejor es dejarlos disfrutar de su infancia todo el tiempo posible.

La cultura de cada país no parece ser tan importante para determinar el estilo educativo. En países de cultura similar, pero de diferente desigualdad, el estilo educativo también cambia de acuerdo con el grado de esta. Es lo que sucede entre Suiza (más desigual) y Suecia, o entre China (mayor desigualdad) y Japón.

El dato quizá más importante en apoyo de la conclusión que alcanzan los investigadores es la evolución con el tiempo del estilo educativo de los padres en un mismo país. Este cambia a medida que evoluciona la desigualdad. Así, en USA, en los años 70, década en la que el país era mucho más igualitario económicamente que ahora, los padres dedicaban menos de la mitad del tiempo que dedican hoy a la educación de sus hijos, y eso a pesar de que entonces tenían más hijos y las madres no trabajaban tanto fuera de casa. Los datos indican que el tiempo extra dedicado a los hijos es sustraído del antaño

138

tiempo libre de los padres. Otro dato importante es que los padres de familias acomodadas, que no temen por el futuro de sus hijos, dedican mucho menos tiempo, aunque mucho más dinero, a la educación de estos, y el éxito académico de sus hijos es menos importante para ellos.

En conclusión, los padres conocen la situación económica del país en el que viven, así como su propia situación económica. De acuerdo con esta información, parece que dedican el tiempo que estiman necesario para educar a sus hijos de la mejor manera posible, adaptada a las condiciones de ese país, de modo que estos puedan alcanzar el éxito en sus vidas que desean para ellos.

¿Qué podemos hacer con esta información? Tal vez sea importante para tomar decisiones políticas que disminuyan o, al contrario, aumenten aún más la presión vital sobre padres e hijos. En cada país serán los políticos, elegidos o no, pero no los científicos, quienes lo decidirán.

Referencia: Matthias Doepke and Fabrizio Zilibotti (2019). Love, Money, and Parenting. How Economics Explains the Way We Raise Our Kids. ISBN: 9780691171517. E-book ISBN: 9780691184210.
Entrevista a Matthias Doepke (en inglés): https://www.podtrac.com/pts/redirect.mp3/dovetail.prxu.org/106/fe245ad9-6c0c-4ea5-82b3-43523d42fabd/IHUB_ASEG_WEB_060819.mp3?siteplayer=true&dl=1

25 de agosto de 2019

GENES MACHOS Y HEMBRAS

Hay hechos que no por ser conocidos desde hace mucho tiempo dejan de resultar sorprendentes. Para mí, uno de ellos es que las más de 200 clases de células diferentes que forman nuestros cuerpos contienen la misma información genética. Las diferencias entre ellas no provienen, por tanto, de que contengan genes diferentes, sino que provienen de conjunto de los diferentes genes que cada uno de los tipos celulares tiene funcionando.

No todos los genes están activos en todas las células. Los que lo están en un momento dado se dice que están siendo expresados. Expresarse en el mundo real es lo que también deben hacer los genes para manifestar su existencia y participar en el proceso de evolución por selección natural. Los genes, como sucede con nosotros, son dueños de su silencio y esclavos de sus palabras, porque es cuando se expresan cuando sufren las consecuencias de esta expresión (aunque no son palabras, sino ARN y proteínas lo que producen). La expresión de un gen conduce a la generación de algún componente de la maquinaria celular que afecta a su funcionamiento. Y es que, en efecto, las células son pequeñas y sofisticadísimas máquinas, cuyo funcionamiento depende de cómo se expresan sus genes.

La ciencia ha dejado este aspecto muy claro. No hay hoy duda alguna de que un mismo genoma puede dar lugar a cientos de células con capacidades y funciones diferentes.

Las diferencias causadas por los genes en funcionamiento y capacidades no se limitan a las células, sino que afectan al organismo entero. Esto es así porque dicho organismo surge de la interacción y comunicación entre las células que lo forman y de acuerdo con cómo sea el funcionamiento de estas, así será el funcionamiento del organismo en su conjunto. Este es tan débil e imperfecto como el más débil e imperfecto de sus tipos celulares.

Las diferencias entre organismos no se limitan solo a los genes que son expresados, sino también a que los genes son diferentes entre diferentes organismos, también entre organismos de la misma especie, pero de diferente sexo. Machos y hembras no poseen exactamente el mismo genoma. Como sabemos, en el caso de los mamíferos, los machos tienen un cromosoma X y otro Y, mientras que las hembras tienen dos cromosomas X, aunque, en general, solo se expresan los genes de uno u otro de ellos, pero no de los dos cromosomas X al mismo tiempo. Uno de los cromosomas X resulta inactivado al azar en cada una de las células de las mujeres y hembras de mamífero. Esto es también un hecho que no por conocido deja de sorprenderme.

Los estudios han demostrado que existen numerosas diferencias entre machos y hembras, y sí, entre hombres y mujeres. Conviene dejar aquí claro que las diferencias encontradas son hechos biológicos que en nada deben impactar en alcanzar la deseada igualdad social entre ambos sexos. En el caso humano, además de las diferencias obvias de talla, peso, fortaleza o forma corporal, se encuentran otras como diferencias en el metabolismo, en la anatomía del cerebro, y en las funciones cardiacas e inmunitarias. Las diferencias sexuales son también importantes en la incidencia y prevalencia de numerosas enfermedades y en la mortalidad que algunas de ellas causan. Entre estas se encuentran enfermedades autoinmunitarias, como el lupus o la esclerosis múltiple, enfermedades cardiovasculares y enfermedades mentales.

DIFERENCIAS SEXUALES EN GENES NO SEXUALES

En un primer momento, se pensó que todas estas diferencias se debían, o al menos eran muy dependientes, del funcionamiento de los diferentes genes encontrados en los cromosomas sexuales. El cromosoma Y posee genes que son específicos de los machos, algunos de ellos expresados en casi todos los órganos. Por otra parte, las hembras nunca consiguen una completa inactivación del segundo cromosoma X que poseen, por lo que expresan aleatoriamente mayores cantidades de algunos genes en diferentes células. Estas diferencias en la cantidad o en la cualidad de los genes que se expresan a partir de los cromosomas sexuales sin duda debían ser importantes a la hora de explicar las diferencias entre los dos sexos, pero ¿eran estas las únicas diferencias importantes?

Algunos científicos pensaban que no. Dada la importancia y magnitud de algunas diferencias entre los sexos, algunos pensaban que, además de las diferencias directas en la expresión de genes contenidos en los cromosomas X e Y, debía también haber diferencias indirectas, es decir, causadas por un diferente funcionamiento de genes localizados no en los cromosomas sexuales sino en los otros cromosomas, los llamados cromosomas autosómicos.

Para estudiar cómo la expresión génica afecta a las diferencias sexuales, investigadores de diversos centros de investigación de Massachusetts, en USA, han realizado un estudio genómico en el que comparan la expresión de los genes entre machos y hembras de cinco especies diferentes en 12 órganos distintos. Las especies son ratón, rata, perro, macaco y ser humano.

Este análisis revela que la expresión de cientos de genes localizados en los cromosomas autosómicos difiere entre machos y hembras. Curiosamente, algunos de esos genes están conservados en algunas de las especies estudiadas, lo que indica que su diferente nivel de expresión de acuerdo con el sexo ha sido conservado a lo largo de la evolución. Sin embargo, esta expresión conservada no se encuentra presente en todas las especies estudiadas, lo que indica que es un fenómeno reciente en la evolución de los mamíferos.

Estos estudios son muy importantes a la hora de elegir especies animales para poder estudiar con ellas en el laboratorio la manera de tratar enfermedades de diferente incidencia entre hombres y mujeres. No todos los animales reflejan de igual manera las diferencias encontradas en el caso humano y es importante estudiar aquellas especies que más se acerquen a nosotros en este aspecto. Es de esperar que este conocimiento pueda ser aplicado para acelerar la investigación sobre muchas de estas enfermedades.

Referencia: Sahin Naqvi et al. Conservation, acquisition, and functional impact of sex-biased gene expression in mammals. *Science* 365, eaaw7317 (2019). http://www.sciencemag.org/cgi/pmidlookup?view=long&pmid=31320509

1 de septiembre de 2019

¿Cuánto durarán las huellas del Hombre sobre la Luna?

Como sabemos, el pasado 21 de julio se celebraba el quincuagésimo aniversario de la llegada del primer ser humano a la Luna. Esto ha espoleado viejos debates que parecían ya superados, como si realmente se llegó o no a la Luna o si todo fue un montaje orquestado por Hollywood. Aunque las evidencias claramente demuestran que, en efecto, se llegó y se regresó de la Luna, y no una, sino varias veces, ciertas personas, algunas realmente influyentes en el descerebrado mundo actual, deciden crear sus "realidades alternativas" y echarse al monte con lo que mejor les venga, ya sea con una Tierra plana, con un número conveniente y superior de asistentes a un acto de toma de posesión presidencial, con la compra por Internet de Groenlandia, o con el funcionamiento mágico de la nada homeopática, entre una infinitud de sinsentidos.

Afortunadamente, algunos de los viejos debates sobre la Luna son algo más sensatos y estudiar sus razones nos permite aprender algunas cosas, que serán interesantes o no, pero que cuentan con la ventaja de que se encuentran en el mundo real. Uno de esos debates trata de si las primeras huellas dejadas por los pasos efectuados sobre la superficie de la Luna siguen allí o no, y si siguen, cuánto tiempo tardarán en borrarse.

Evidentemente, resolver esta cuestión no va a permitir conseguir grandes avances en ciencia y en tecnología para la Humanidad. No obstante, creo que debemos respetar todas las preguntas, sean cuales sean. Tengamos en cuenta que la ciencia solo pudo comenzar cuando uno de nuestros ancestros adquirió la capacidad de formularse una pregunta e intentó responderla. ¿Cuál fue esa primera pregunta? Nadie lo sabe, pero me atrevo a aventurar que tuvo que ver con el sexo o con la comida y que muchos, aún hoy, siguen sin saber la verdadera respuesta.

Pero volvamos a poner los pies sobre la Luna. ¿Siguen o no siguen estando sobre ella las huellas de los primeros astronautas que pisaron nuestro satélite? Como para todos los debates simples y, lamentablemente, no tan simples, tenemos dos posturas muy polarizadas: 1. Las huellas siguen estando ahí; 2. Las huellas han sido borradas. Los que mantienen que las huellas han sido borradas argumentan que en el momento del despegue del módulo lunar hacia la cápsula Apollo, que se encontraba esperando en órbita alrededor de la Luna, los gases expulsados por los motores incidirían sobre el suelo y borrarían lo que hubiera decenas de metros alrededor. Por tanto, las primeras huellas, que forzosamente estaban cerca de la escalerilla de descenso a la superficie lunar, habrían sido borradas.

Sin embargo, los defensores de que las huellas siguen estando ahí argumentan que lo anterior no es cierto. Y no lo es porque, afirman, la Luna carece de atmósfera y, por tanto, los gases de los tubos de escape del motor del módulo lunar no causaron viento alguno que pudiera borrar nada. Esos gases chocarían verticalmente con la superficie de la Luna y rebotarían hacia arriba, sin causar corrientes laterales de aire, como sí sucedería en la atmósfera de la Tierra. Además, la parte inferior del módulo de aterrizaje, la que posee las patas de apoyo sobre la superficie lunar, se quedó en la Luna, escalerilla incluida, lo que debió proteger a las huellas de los mínimos efectos del despegue. Por consiguiente, las primeras huellas de cada astronauta que pisó la Luna durante el programa Apollo siguen estando donde esas huellas se produjeron.

¿QUÉ SERÁ SERÁ?

Últimamente, no he ido a la Luna para comprobar quién tiene razón. Lamentablemente tampoco nadie más lo ha hecho. Esperemos que el dinero que Trump se va a ahorrar al no poder comprar Groenlandia lo invierta para resolver esta importantísima cuestión que, sin duda, le fascinará en cuanto lea este artículo y la conozca.

Por mi parte, me inclino a pensar que las huellas siguen aún ahí. Muchos otros también lo piensan y argumentan, además, que seguirán ahí sin ser borradas durante millones y millones de años.

Yo no estoy tan seguro.

Y no lo estoy porque un análisis de los datos recogidos por los sismógrafos dejados sobre la Luna en las diferentes misiones Apollo indica con claridad que la Luna sufre de movimientos sísmicos. Las razones de esos "lunamotos" son principalmente dos. La primera es que la Luna todavía se está enfriando, desde la bola de magma que la originó tras un choque brutal de un planeta con la prototierra. Como cualquier cuerpo que se enfría, la Luna se contrae. La contracción lunar genera tensiones internas y fallas que se deslizan unas sobre otras, generando movimientos sísmicos.

Otra razón que estimula los movimientos sísmicos es que la órbita de la Luna no es circular, sino elíptica. Esto hace que en unos momentos esté más cerca de la Tierra (el perigeo) y en otros momentos esté más lejos (el apogeo). Cuando está más cerca, la atracción gravitatoria de la Tierra deforma más a la Luna, la hace más ahuevada en la dirección de la Tierra. Cuando la Luna se aleja, la deformación se revierte. Este cambio cíclico de la forma lunar, aunque ligero, favorece la generación de los lunamotos, que pueden llegar a ser de intensidad considerable, hasta de más de cinco grados en la escala de Richter.

Por supuesto, los terremotos conllevan movimientos de la superficie lunar. La misión de observación *Lunar Reconnaissance Orbiter*, que lleva observando la Luna con un telescopio en orbita lunar desde junio de 2009, ha detectado que los lunamotos consiguen deslizar piedras a lo largo de laderas de cráteres, por ejemplo. Es posible que también se produzcan movimientos de partículas más pequeñas, entre ellas las del famoso polvo lunar, el llamado regolito. Estos movimientos podrán finalmente alterar la superficie de la Luna y, con ello, llegar a borrar las huellas de los primeros hombres que marcharon sobre ella. Habrá que esperar unos cuantos miles de años para comprobarlo, siempre que antes seamos capaces de conseguir no borrar nuestras propias huellas sobre el planeta Tierra.

Referencia: https://www.nasa.gov/press-release/goddard/2019/moonquakes

8 de septiembre de 2019

OTRA NUEVA E INGENIOSA INMUNOTERAPIA CONTRA EL CÁNCER

Uno de los avances más excitantes producidos en la lucha contra el cáncer es el desarrollo de astutas técnicas de inmunoterapia que rediseñan a células del sistema inmune para matar de manera selectiva a las células tumorales, dejando incólumes a las células sanas. Uno de estos ingeniosos tratamientos es la generación de linfocitos T "asesinos" con receptores quiméricos contra alguna molécula propia de un tumor.

Alto. ¿Qué demonios son los receptores quiméricos? ¿Qué son los linfocitos T "asesinos"? Procedamos con cuidado, paciencia y determinación. Como bien saben mis queridos estudiantes, comprender conceptos de inmunología combinados con otros de biología molecular no es fácil. ¿O sí?

Veamos. Los linfocitos T "asesinos" son la clase de linfocitos capaces de matar a las células del organismo que se han rebelado contra él, como sucede con las células tumorales. En efecto, los linfocitos T "asesinos ", tras ser activados por ciertos mecanismos propios del sistema inmunitario, lo que les otorga una "licencia para matar", son ya capaces por sí mismos, de matar a células tumorales cuando las detectan. Esta detección la llevan a cabo mediante moléculas detectoras presentes en su superficie, las cuales se denominan receptores, porque reciben, recepcionan, a otras moléculas presentes en otras células.

Las células tumorales son anormales y presentan en su superficie moléculas anómalas que pueden ser detectadas por los receptores de los linfocitos T "asesinos". Cuando esto sucede, estos linfocitos desencadenan un mecanismo, dependiente de otras moléculas diferentes del receptor, que permite secretar hacia las células tumorales, y solo hacia estas, varias moléculas que conducen a su muerte. Sin embargo, en su lucha por la supervivencia, algunas células tumorales evolucionan y "aprenden" a camuflarse o incluso a impedir la acción de los linfocitos T "asesinos". El tumor puede haber sido inicialmente frenado, pero no eliminado.

En esta situación, generar linfocitos T "asesinos" con receptores quiméricos puede resultar útil. En la mitología griega, una quimera, es una mezcla de dos seres, por ejemplo, un caballo y un hombre (el centauro). En biología molecular, una quimera es una unión de dos moléculas diferentes. En el caso que nos ocupa, la molécula quimérica contiene una parte receptora para una molécula propia de las células tumorales, a pesar de lo cual normalmente los

149

linfocitos T "asesinos" no pueden detectarla, y otra parte activadora que conduce a que los linfocitos T "asesinos" secreten las moléculas tóxicas que acabarán con la vida de las células tumorales. Así, estos receptores quiméricos reúnen y potencian en una sola molécula las dos propiedades individuales características de los linfocitos T "asesinos": la capacidad de detectar nuevas moléculas propias de las células tumorales y la capacidad de desencadenar la secreción de sustancias tóxicas para estas células.

QUIMERAS HECHAS REALIDAD

Estos linfocitos T "asesinos" con receptores quiméricos se han denominado linfocitos T-CAR (CAR proviene del inglés *chimeric antigen receptors*). Los linfocitos T-CAR ya se han empleado con cierto éxito para tratar varias clases de tumores. Sin embargo, uno de los más difíciles de tratar son los glioblastomas, unos tumores extremadamente malignos de las células gliales del cerebro, para los que se sigue careciendo de terapia eficaz tras décadas de esfuerzos para conseguirla.

Investigadores de la Facultad de Medicina de la Universidad de Harvard han podido generar linfocitos T-CAR capaces de detectar una molécula propia de los glioblastomas. Esta molécula actúa como un oncogén, es decir, estimula el crecimiento tumoral. En un ensayo clínico con pacientes de glioblastoma, los científicos comprobaron con satisfacción que la inyección de linfocitos T-CAR conducía a que estos infiltraran el tumor y mataran a las células tumorales que presentaban la molécula oncogénica en su superficie.

Sin embargo, no todas las células tumorales eran eliminadas. Algunas "aprendían" a dejar de producir la molécula oncogénica y a sustituirla por otra molécula alternativa, también activadora del crecimiento. Esta segunda molécula ya no era propia solo de las células tumorales, y estaba también presente en células sanas, lo que hacía muy difícil poder usarla como diana antitumoral, ya que atacarla supondría también atacar a la vida de las células sanas que la poseen.

Afortunadamente el ingenio de la mente humana, cuando se encuentra bien alimentada física e intelectualmente y en un ambiente amigable, estimulante y libre de burocracia sin sentido, ambiente que es raro de encontrar en ciertos países del mundo bañados por el mar Mediterráneo, es prácticamente infinito. Los investigadores se dijeron que, si atacaban a esa segunda molécula solo en el tumor, evitando el ataque a otras células sanas del organismo, esa segunda molécula podría también ser utilizada como blanco del ataque de los linfocitos T-CAR.

Para ello, realizaron una segunda y muy ingeniosa modificación genética en los linfocitos T-CAR: los hicieron capaces no solo de detectar a la primera molécula oncogénica, sino también de producir anticuerpos contra la segunda molécula. Esto es muy novedoso, porque los linfocitos T no producen anticuerpos, lo que es tarea para otra clase de linfocitos, los linfocitos B. En este caso, los linfocitos T fueron doblemente quiméricos, al poseer un receptor CAR contra la primera molécula oncogénica del glioblastoma, y al ser capaces de hacer algo impropio de su naturaleza: secretar anticuerpos contra una segunda molécula tumoral una vez habían infiltrado el tumor. Por si esto fuera poco, los anticuerpos son también de diseño, no encontrados en la Naturaleza, capaces de unirse al mismo tiempo tanto a la célula tumoral como al linfocito T-CAR, lo que acerca a este a la célula tumoral y facilita su actividad asesina contra esta.

Por el momento, los científicos han utilizado estos linfocitos T-CAR en animales de laboratorio y han comprobado que poseen una potente actividad antitumoral contra el glioblastoma. Sin embargo, serán necesarios varios años de estudios clínicos antes de poder disponer de esta técnica en los hospitales mas avanzados.

Referencia: CAR-T cells secreting BiTEs circumvent antigen escape without detectable toxicity. https://dx.doi.org/10.1038/s41587-019-0192-1

15 de septiembre de 2019

Mecanismos moleculares contra el sinsentido

Creo que ya lo he mencionado en otras ocasiones, pero me gustaría manifestar aquí de nuevo lo agradecido que estoy a la divulgación científica por haberme permitido aprender tantas y tantas cosas y, por permitir fascinarme con las maravillas de la ciencia, la tecnología y, en definitiva, del mundo y, lo más importante, por haberme dado la oportunidad de poder estimar mejor la enorme magnitud de mi ignorancia. No bromeo. Sigo aprendiendo cosas todos los días, y la que os voy a contar hoy la acabo de aprender solo unas horas antes de compartirla con vosotros escribiendo estas palabras. ¡Vergüenza debería darme no haberla aprendido antes!

Numerosas veces nos encontramos con artículos o programas de radio o televisión que hablan de mutaciones genéticas, cambios en el ADN que afectan a la información almacenada en él y que es la que se traduce en las proteínas que hacen funcionar a las células. Un error en esta información causa, en general, aunque no siempre, la generación de una proteína defectuosa. Cuando esto sucede en todas las células de un organismo, por haber heredado el error en los genes de uno o ambos de nuestros padres, podemos sufrir una enfermedad genética. Si esto sucede en solo unas pocas células del organismo, al haberse producido el fallo genético más tarde en la vida, causado por el alcohol, el tabaco, la contaminación o el mero azar podemos tal vez sufrir un cáncer.

Estos errores están presentes en el genoma de todas o de unas cuantas de nuestras células. Sin embargo, es conocido, aunque yo no lo sabía, que las células pueden producir proteínas defectuosas incluso si no poseen mutaciones en el genoma. ¡Vaya sorpresa!

¿Cómo es esto posible? Y bien, lo es porque para fabricar proteínas, la célula debe copiar la información almacenada en el ADN y generar moléculas de otro ácido nucleico: el ARN mensajero, o ARNm. En cada proceso de copia pueden producirse errores, y es lo que sucede de vez en cuando.

Las moléculas de ARNm contienen una copia de la información del ADN, del mensaje contenido en él, en un formato molecular adecuado para su uso por la maquinaria de fabricación de proteínas. Utilizando el ARNm, la maquinaria de fabricación de proteínas puede leer el código de las "letras" que especifican qué aminoácidos deben ser utilizados para fabricar la proteína de acuerdo con la información almacenada en el ADN. Cada aminoácido es especificado por un conjunto de tres letras que se denominan codón.

El código genético contiene también información que le dice a la maquinaria celular cuándo debe detenerse porque ya se ha completado la fabricación de la proteína especificada en la secuencia de "letras" del ARNm. Esta información viene también en forma de un codón de tres "letras" específicas que significan STOP.

Sabemos que el cambio de una letra por otra en una palabra puede cambiar drásticamente el significado de esta. Por ejemplo, una sola letra diferencia las palabras: cara, jara, lara, mara, para, rara, sara, tara, y vara. Si en lugar de cara, en una frase aparece la palabra para, el sentido de la frase podría ser muy diferente, o carecer de él.

ELIMINACIÓN DE ERRORES

Del mismo modo, un cambio en una "letra" al copiar la información del ADN a una molécula de ARNm puede cambiarnos una "palabra". Si el cambio produce un codón STOP antes de lo debido, la maquinaria de fabricación de las proteínas se detendrá al llegar a él. La proteína generada no será completa. Lo que es peor, esta proteína incompleta puede interferir con la función de las proteínas completas que se hayan podido producir a partir de otras moléculas de ARNm que se hayan copiado sin ese error. El error, por tanto, puede tener graves consecuencias para la vida de la célula.

El cambio de un codón que especifica un aminoácido por el codón STOP se denomina mutación sinsentido. Evidentemente, utilizar una molécula de ARNm con mutaciones sinsentido debe ser evitado, si es posible, ya que eso favorecería la supervivencia de la célula. Tengamos en cuenta que esta no produce solo una proteína, sino miles, y son miles y miles las copias de ARNm producidas cada día por cada célula de muestro cuerpo.

Por esta razón, a lo largo de la evolución, los organismos han desarrollado mecanismos para evitar utilizar ARNm con mutaciones sinsentido. Solo aquellos que lo consiguieron fueron capaces de sobrevivir, puesto que este mecanismo se encuentra presente desde las levaduras al ser humano.

El hallazgo de este fenómeno no es reciente, ya que data de 1979. El descubrimiento se realizó gracias a la observación de que células que poseían genes mutados con codones STOP prematuros contenían muy poco ARNm de ese gen. La razón, se descubrió, era que el ARNm producido a partir de esos genes ya mutados era degradado y eliminado con rapidez, antes de dar tiempo a que pudiera ser utilizado para la producción de proteína. Sin embargo, este mecanismo no ha sido estudiado hasta la fecha con la dedicación que hubiera sido deseable para comprenderlo en detalle.

Por el momento, los estudios realizados han descubierto que la degradación del ARNm mutado depende de dónde se haya producido el error. Si el STOP codón erróneo aparece muy pronto en la secuencia de letras el ARNm es degradado antes que si este error aparece más tarde, ya que en este último caso es posible que la proteína pueda aún funcionar. Sin embargo, el proceso de detección y degradación sigue sin ser comprendido.

Afortunadamente, un grupo de investigadores de la Universidad de Utrecht, en Holanda, ha desarrollado un método que permite estudiar mejor este fenómeno. El método consiste en unir dos sustancias fluorescentes diferentes, cada una de un color, al ARNm, una al principio y otra al final de la cadena de "letras" de este. Cuando la cadena de "letras" que contiene un codón STOP incorrecto es cortada, las dos moléculas fluorescentes son separadas y esta separación puede detectarse debido al cambio de coloración que se produce en la célula. Con esta nueva estrategia, los investigadores pretenden estudiar mejor en qué condiciones este mecanismo es más activo y los factores que lo afectan. Quién sabe, tal vez este nuevo conocimiento permita abrir nuevas avenidas para luchar contra algunas enfermedades.

Referencia: Single-Molecule Imaging Uncovers Rules Governing Nonsense-Mediated mRNA Decay. https://doi.org/10.1016/j.molcel.2019.05.008

22 de septiembre de 2019

LA DESINTEGRACIÓN MÁS LENTA DEL UNIVERSO

La Física es una de las ciencias que más recompensan intelectualmente. Los físicos pueden permitirse experimentar unas emociones que frecuentemente están lejos de poder ser experimentadas en otras ramas de la ciencia. Por ejemplo, se han permitido el lujo de predecir que existe un componente fundamental del universo y luego ir a comprobarlo, desbordantes de excitación y anticipación. Esto no es tan fácil en otras ciencias. Tal vez el ejemplo más notorio y reciente de esto sea el descubrimiento, el año 2012, del bosón de Higgs, la partícula elemental que confiere masa a las otras partículas de la materia, cuya existencia fue predicha en 1964 por Peter Higgs. La existencia del neutrino fue también predicha, en 1930, por Wolfgand Pauli tras observar que algunos fenómenos radiactivos no conservarían la energía ni el momento de no existir una nueva partícula fundamental no cargada. Años después, en 1956, el neutrino también sería descubierto. Hoy sabemos que los neutrinos son unas partículas muy numerosas en el universo conocido.

En efecto, en el universo conocido, porque el universo desconocido es más grande, al parecer, que el que conocemos. Recordemos que solo alrededor del 5% de la masa/energía del universo está constituida por materia ordinaria. Alrededor del 27% es materia oscura y el 68% restante, energía oscura. Nadie sabe aún de qué está formada la materia oscura, una clase de materia cuya existencia es también predicha de acuerdo con la dinámica gravitacional de la mayoría de las galaxias, ni mucho menos sabemos de dónde proviene o qué es la energía oscura, cuya existencia es necesaria para explicar la expansión del universo tal y como ha sido observada hasta hoy. La Física es también la ciencia que más ignorancia sobre el universo ha revelado. Sí, la ignorancia también debe ser descubierta. No hay nada peor en ciencia que creer que se sabe cuando en realidad se ignora.

Basados en diversas observaciones, los físicos han desarrollado teorías sobre qué propiedades deberían tener las partículas de la materia oscura y han diseñado instrumentos capaces de detectarla si sus teorías son correctas. Uno de estos instrumentos detectores se encuentra en el Laboratorio Nacional del Gran Sasso, localizado a 1.400 metros de profundidad bajo el macizo del Gran Sasso, en Italia central, a unos 120 km de Roma. Se trata del mayor laboratorio subterráneo del mundo, cuya construcción se hizo necesaria para poder realizar experimentos sobre interacciones entre partículas elementales sin sufrir la interferencia de los rayos cósmicos que llegan al planeta desde diversas partes del universo. Los rayos cósmicos son partículas elementales con velocidades próximas a la de la luz y generan una lluvia de partículas al incidir con los átomos de la atmósfera terrestre. Algunas de esas partículas podrían alcanzar un detector y falsear los resultados de un experimento si el detector se encontrara en la superficie terrestre. Por esta razón, se hace imprescindible protegerlo enterrándolo a más de un kilómetro bajo tierra.

DE XENÓN A TELURO

Los científicos habían determinado de qué material debería estar compuesto un presunto detector de partículas de materia oscura para detectarla con mayor probabilidad. Este material no era otro que xenón 124 líquido. El xenón 124 es un gas noble, de la familia del helio, del neón y del argón. Es el elemento número 54 de la tabla periódica de los elementos, lo que quiere decir que su núcleo posee ese mismo número de protones. El resto de las partículas del núcleo atómico, hasta llegar, en este caso, a 124, son neutrones, por lo que el xenón 124 posee 70 neutrones.

Gracias al estudio de las condiciones por las que un átomo es estable, persistente en el tiempo o, al contrario, es inestable y se convierte en otro u otros elementos estables mediante algún proceso de desintegración radiactiva, los físicos habían predicho que el xenón 124 es un elemento inestable. La inestabilidad de los elementos normalmente proviene del hecho de que el núcleo contiene un exceso de protones que, puesto que poseen carga positiva, se repelen. Son los neutrones los que, digamos, sirven de pegamento para los protones. Si el número de neutrones no es suficiente, el núcleo es inestable. En el caso del xenón 124, la predicción de sus propiedades mantenía que este debía convertirse en el elemento estable llamado teluro, el número 52 de la tabla periódica, perteneciente a la familia del oxígeno y del azufre.

La conversión de xenón 124 en teluro 124 solo es posible mediante el muy improbable proceso de que dos protones del núcleo de xenón se conviertan, al mismo tiempo, en dos neutrones. La conversión de un protón en un neutrón es posible si el protón, de carga positiva, captura un electrón, de carga negativa, y se transforma así en el neutrón, una partícula de carga neutra. Si dos protones del núcleo de xenón 124 lo consiguen al mismo tiempo, robando dos electrones de las capas electrónicas internas del propio átomo de xenón, el núcleo pierde dos protones y gana dos neutrones, lo que disminuye la fuerza repulsiva de los protones, al haber menos, y aumenta la fuerza pegajosa de los neutrones, al haber más.

¿Qué tiene esto que ver con la materia oscura? Resulta que el detector para esta debía contener más de mil kilogramos de xenón 124 ultra puro y protegido de los rayos cósmicos a 1.400 metros de profundidad. El detector era así también adecuado para intentar observar, por primera vez, si la transformación predicha del xenón 124 en teluro 124 sucedía o no. Pues bien, las predicciones se revelaron ciertas: el xenón 124 se convierte en teluro 124. Los científicos calcularon también la vida media de la transformación, es decir, cuánto tiempo haría falta para que desapareciera la mitad de la cantidad de xenón 124 que hay ahora en el universo. Como el proceso de captura simultánea de dos electrones es muy improbable, sabían que la vida media iba a ser larga, pero los cálculos les sorprendieron. Estos revelaron que la vida media del xenón 124 es de alrededor de mil millones de veces mayor que la edad actual el universo.

¿Y la materia oscura? ¿Han detectado algo? Por el momento, no. Seguimos en la oscuridad, aunque el experimento ha arrojado sin duda una nueva luz sobre los increíbles procesos radiactivos que tienen lugar en algunos de los átomos que forman la materia ordinaria del universo.

Referencia: XENON Collaboration group. Observation of two-neutrino double electron capture in 124Xe with XENON1T. Published: 24 April 2019 Nature volume 568, pages532–535 (2019).

29 de septiembre de 2019

MÁS CERCA DE LA VIDA DE DISEÑO

Debería ser parte de la cultura general el conocimiento de que la secuencia de bases (letras) del ADN de los genes contiene la información que determina la secuencia de aminoácidos de las proteínas. Es en este sentido en el que se afirma que el ADN contiene la información génica, puesto que son las proteínas, en general, las que hacen funcionar los procesos celulares, y las que manifiestan en el mundo real esa información.

Sin embargo, esta afirmación tiene sus matices. Aunque el ADN contiene la información que determina la secuencia de aminoácidos de las proteínas, esto no es suficiente para que las proteínas funcionen. Para que una proteína pueda desempeñar correctamente su función, su normalmente larga cadena de aminoácidos debe estar plegada, retorcida sobre sí misma, de una manera muy precisa. Es este plegamiento el que produce una molécula de proteína tridimensional, muy diferente de lo que sería una simple cadena lineal de aminoácidos. Esta molécula tridimensional es la que ejerce su función en la célula.

El plegamiento que las proteínas adquieren en el espacio depende de su secuencia de aminoácidos siempre que estos estén rodeados de agua y de ciertos átomos y sustancias disueltos en ella. Las mismas secuencias de aminoácidos en la luna o en el espacio exterior, sin agua alguna a su alrededor, no permitirían a las proteínas plegarse de la misma manera. En este sentido, podría decirse que parte de la información para que las proteínas se plieguen correctamente se encuentra en el medio acuoso que las envuelve.

¿Por qué razón las cadenas de proteínas se pliegan? Como para casi todo en la vida, la razón se encuentra en la química, en este caso, en las propiedades químicas de los aminoácidos que las forman. Estos son veinte y en conjunto poseen una gran cantidad de propiedades químicas complementarias que permiten su interacción entre sí y con el agua o, al contrario, su aversión entre sí o su aversión por el agua. Por ejemplo, hay aminoácidos cargados positivamente y también cargados negativamente. Los que poseen la misma carga se repelerán entre sí, y los que poseen cargas opuestas se atraerán. Igualmente hay aminoácidos hidrófilos (que atraen al agua) y aminoácidos hidrófobos (que huyen del agua). Los primeros tenderán a situarse en la superficie de la cadena plegada, mientras que los segundos tenderán a situarse en el interior, donde no haya agua.

Los aminoácidos de una misma cadena intentan establecer las mejores interacciones con otros, desean colocarse cerca de compañeros cómodos, agradables, que los atraen. De igual modo, los aminoácidos, de acuerdo con sus propiedades, tienden a estar rodeados de las juguetonas moléculas de agua o, al contrario, a evitarlas.

A medida que las proteínas van siendo sintetizadas, y los aminoácidos van siendo añadidos a la cadena, estos comienzan a establecer interacciones con otros y a determinar así la estructura tridimensional de la proteína final. Sin embargo, en algunos casos, otras proteínas, llamadas chaperonas, ayudan a obtener el plegamiento correcto. Esto es así porque entre los cientos o incluso miles de aminoácidos que suelen formar las cadenas de las proteínas, las posibilidades de establecer interacciones con otros y con el agua son literalmente astronómicas, y más allá.

¿IMPREDECIBLE?

Esta gigantesca cantidad de posibles interacciones entre aminoácidos de una misma cadena ha conducido a la paradoja de que, mientras la estructura final de una proteína está determinada por su secuencia de aminoácidos, no obstante, esta estructura es impredecible. En otras palabras, el ADN y el medio acuoso del interior de las células saben cómo plegar correctamente a cada proteína, pero esta información no permite a los científicos adivinar qué forma tridimensional va a adquirir una cadena de aminoácidos de una secuencia concreta.

Poder predecir la estructura de las proteínas sería un avance muy importante, que permitiría, entre otras muchas cosas, el diseño de nuevos fármacos contra proteínas mutadas causantes de enfermedades, que se pliegan de manera incorrecta, con la intención, por ejemplo, de corregir su plegamiento y permitirles funcionar correctamente. La predicción de la estructura tridimensional de las proteínas permitiría también la generación de proteínas nuevas, nunca vistas en la Naturaleza, con estructuras diseñadas para un determinado fin. La combinación de varias de estas estructuras de diseño permitiría la creación de nanomáquinas capaces, por ejemplo, de corregir mutaciones en genes concretos causantes de enfermedades o causantes de envejecimiento. La generación de microorganismos de diseño, con códigos genéticos diferentes del nuestro y con funciones tan interesantes como la degradación de plásticos estaría más cerca. En suma, la predicción de la estructura de las proteínas convertiría en ciencia y tecnología a lo que hoy no es sino ciencia-ficción.

Recientes avances en inteligencia artificial y aprendizaje profundo han acercado mucho a la realidad la posibilidad tanto de predecir con exactitud la estructura aún desconocida de muchas proteínas, como de diseñar proteínas con una estructura tridimensional deseada. La compañía DeepMind, subsidiaria de Google, ha desarrollado un método de aprendizaje profundo que es ya capaz de predecir correctamente la estructura de muchas proteínas. Igualmente, el investigador Mohammed AlQuraishi, de la Facultad de Medicina de Harvard, ha desarrollado lo que parece ser un método revolucionario capaz de predecir en segundos la estructura de numerosas proteínas. No obstante, el método dista mucho de ser perfecto, por lo que AlQuraishi ha puesto su código a disposición de la comunicad científica para que otros puedan contribuir a su mejora.

Como la fusión nuclear, la predicción de la estructura de las proteínas era un objetivo muy difícil y lejano en mis tiempos de estudiante universitario. De hecho, era tan difícil que se ha llegado mucho antes a los confines del sistema solar con sondas robotizadas, o se ha conseguido curar muchos tipos de cáncer. Ese lejano objetivo está hoy mucho más cerca y promete revolucionarios avances, de los que las generaciones futuras podrán disfrutar si somos capaces de frenar antes la degeneración de nuestro planeta.

Referencias:
https://www.nature.com/articles/d41586-019-01357-6
https://www.nature.com/articles/d41586-019-02251-x
https://jorlab.blogspot.com/2002/07/por-que-veinte.html

6 de octubre de 2019

EL GEN QUE SURGIÓ DEL FRÍO

Confieso de nuevo que cada semana me quedo sorprendido por la cantidad de ignorancia que ni sabía que teníamos. Ignorancia sobre la ignorancia es más que mera ignorancia. Estaba convencido de que la ciencia había ya desvelado cómo las neuronas sensoras detectan todos los estímulos externos: el olor, el sabor, la presión, la suavidad de una caricia, el calor…Pues bien, estaba equivocado. La ciencia no había aún desvelado cómo los animales detectan el frío. Es ahora cosa hecha y vamos a contar por qué esto no se había descubierto aún y cómo se ha producido finalmente el descubrimiento.

Detectar cambios en las condiciones exteriores y reaccionar adecuadamente frente a ellos es una de las condiciones necesarias para la supervivencia y transmisión de genes a las siguientes generaciones. Los cambios que esas sensaciones desencadenan en el sistema nervioso nos incitan también a realizar uno u otro comportamiento. Así, si algo nos produce dolor, actuamos de manera a evitarlo; si algo nos produce una sensación placentera, procuramos repetirlo.

Sin duda, una de las condiciones externas que mayor influencia puede ejercer sobre todo tipo de seres es la temperatura. Por ello, a lo largo de la evolución, los animales se han ido equipando con los mecanismos necesarios para detectarla y estimarla y con los comportamientos conscientes o inconscientes también necesarios para conseguir evitar los entornos de temperaturas extremas, mantener en lo posible una temperatura corporal adecuada, y encontrar y establecerse en ambientes de temperaturas más adecuadas.

Todos los estímulos exteriores capaces de ser detectados inducen una activación neuronal que transmite la información al cerebro. Las neuronas sensoras son, por tanto, las herramientas que sirven a todo el organismo para detectar estímulos y actuar en consecuencia, pero, al mismo tiempo, las neuronas sensoras necesitan sus propias herramientas moleculares, necesitan de moléculas dispuestas en su membrana externa capaces de detectar bioquímicamente esos estímulos. Estas moléculas en la membrana de las células reciben el nombre de receptores, porque detectan y reciben una señal externa.

Eran conocidas varias proteínas receptoras capaces de detectar cambios de temperatura. Esta capacidad de detección no es cosa de magia. Al igual que la temperatura dilata o contrae a los cuerpos, puede también modificar la estructura de las moléculas. Este cambio en la estructura de las moléculas receptoras de la temperatura es lo que desencadena la señal que las neuronas envían al cerebro.

Esto último es importante, porque la señal debe ser proporcional al estímulo y debe distinguirlo de otros. Por ejemplo, no es lo mismo frescor que frío intenso. Receptores capaces de generar una sensación de frescor sí son conocidos. Uno de esos receptores de la frescura es capaz de reaccionar químicamente con el mentol y enviar una señal que el cerebro interpreta como frescor, no frío, aunque la temperatura del cuerpo no haya variado en absoluto. Esta es la razón por la que la menta nos parece fresca.

BÚSQUEDA DE GENES

Sin embargo, los receptores del frío intenso no habían podido ser identificados. Por esta razón, algunos científicos especularon con la idea de que no existían y que era la actividad (o ausencia de ella) combinada de los diferentes detectores de calor y de frescor la que generaría la sensación de frío intenso.

La búsqueda de genes de los receptores del frío tampoco desveló la existencia de ninguno. Para buscarlos, los científicos se enfocaron en encontrar genes similares a los de los otros receptores, y mediante este método no pudieron encontrar ninguno. Parecía, por tanto, que el receptor del frío no existía.

No obstante, no se habían agotado aún todas las posibilidades para poder concluir esto. En particular, no se habían realizado búsquedas genómicas en organismos mutantes insensibles al frío intenso. Si las mutaciones encontradas en esos organismos sucedieran solo en los genes de los receptores ya conocidos, habría que concluir que no existía un receptor para el frío, pero si las mutaciones sucedían en genes diferentes, tal vez uno de ellos fuera el buscado gen del frío.

Para realizar esta búsqueda, investigadores de la Universidad de Michigan, USA, utilizan el gusano de laboratorio *Caenorhabditis elegans*. Es este un gusanillo de solo un milímetro de longitud, compuesto por alrededor de mil células, el cual es, como nosotros, capaz de detectar el frío y evitarlo desplazándose hacia zonas más cálidas.

La simplicidad de este gusano permite analizarlo con cierta facilidad. Se pueden así generar miles de mutantes diferentes de ellos y detectar cuál de los mutantes muestra la propiedad buscada. En este caso, los investigadores buscaron gusanos mutantes incapaces de reaccionar frente al frío intenso, lo que sugería que la mutación habría afectado a al menos uno de los genes necesarios para esta capacidad.

Tras analizar el genoma de los gusanos incapaces de reaccionar frente al frío, los investigadores identifican mutaciones en un gen que produce un receptor de la llamada familia de receptores de glutamato, un neurotransmisor. Este receptor era ya conocido y se denominaba glr-3. Lo que no era en absoluto conocido era que el receptor participaba en la detección del frío y en la transmisión al sistema nervioso central de esa información.

Para asegurarse de que este ciertamente era el gen del receptor del frío, los investigadores realizan análisis complementarios. En primer lugar, comprueban que este gen se encuentra conservado a lo largo de la evolución desde el gusano hasta el ser humano, lo que debería suceder con un gen que realiza una misión tan básica. En segundo lugar, introducen el gen de ratón en el genoma de los gusanos mutantes, que han perdido su gen glr-3 normal, y comprueban que el gen de ratón restaura la capacidad para detectar el frío en los gusanos. En efecto, el gen, conservado en la evolución desde los gusanos a los mamíferos, funciona de manera similar en ambos organismos.

No cabe duda, los animales tenemos al menos un receptor para el frío intenso. Esperemos que el calentamiento global no acabe por hacerlo irrelevante.

Referencia: Jianke Gong et al. (2019) A Cold-Sensing Receptor Encoded by a Glutamate Receptor Gene. https://doi.org/10.1016/j.cell.2019.07.034

13 de octubre de 2019

LOS ESTUDIOS DE ASOCIACIÓN GENÓMICA ESTÁN DE MODA

Aprovechando la reciente publicación de un estudio científico que intentaba identificar los genes relacionados con la homosexualidad, me he propuesto aquí la imposible tarea de intentar explicar en menos de mil palabras qué son y cómo funcionan los estudios de asociación genómica completa, como el que se ha llevado a cabo para identificar genes relacionados con la homosexualidad.

Este tipo de estudios está de moda. Hasta la fecha, se han publicado miles de estudios de este tipo para encontrar genes asociados con enfermedades, condiciones o capacidades humanas de lo más variado, como la inteligencia, la personalidad o la homosexualidad. Estos estudios florecen hoy gracias a que tanto la tecnología como la generación de inmensos bancos de muestras de ADN ha llegado a un punto de relativa madurez y de relativo bajo coste.

El genoma humano está compuesto por alrededor de tres mil millones de nucleótidos, las "letras" del ADN. Cada uno poseemos dos copias de esas letras, una heredada de nuestro padre y la otra de nuestra madre. Exceptuando los hermanos gemelos, que han heredado genomas idénticos, los humanos diferimos entre nosotros en hasta alrededor de un 1% de esas "letras", es decir, en hasta 30 millones de letras en cada una de las copias. Estas diferencias en letras simples se denominan en el lenguaje genético SNPs (*single nucleotide polymorphisms*), a los que llamaré esnips.

La secuenciación del genoma de miles de personas ha permitido identificar a la mayoría de los esnips que los hacen diferentes. Se estima que la Humanidad en su conjunto posee alrededor de 335 millones de esnips, aunque cada uno de nosotros posee solo 30 millones como máximo. Millones de fragmentos de ADN, cada uno con un esnip concreto, se pueden colocar ordenados en pequeñas láminas de vidrio, llamadas chips de ADN. Sin entrar en más detalles técnicos, estos chips permiten identificar qué esnips, es decir, qué variantes génicas, posee una persona.

Evidentemente, no todos los esnips aparecen con la misma frecuencia. Se estima que solo alrededor de 15 millones tienen una frecuencia superior al 1%, es decir, están presentes en al menos una de cada 100 personas. La mayoría de los esnips, por tanto, aparecen en frecuencias menores, que pueden ser tan pequeñas como 1 en 10.000, o menos.

Los chips de ADN pueden utilizarse para buscar esnips asociados a una enfermedad o a una condición determinada (como la altura o la inteligencia). Esto es lo que persiguen los estudios de asociación genómica completa. Por ejemplo, si deseamos encontrar variantes de genes asociadas con la enfermedad de Alzheimer, se estudiarán los esnips de pacientes de esta enfermedad y se compararán con los esnips de personas sanas. Si algunos esnips están asociados con la enfermedad, aparecerán con mayor frecuencia de la normal en las personas enfermas y con menor frecuencia en las personas sanas.

Como es conocido, en algunos casos una enfermedad puede estar causada por mutaciones en un solo gen. En ese caso se dice que la enfermedad es monogénica. Una enfermedad terrible causada por mutaciones en un solo gen es la enfermedad de Huntington, que causa neurodegeneración y conduce a la muerte. En este caso, no se necesitan chips de ADN para identificar al gen responsable.

COEFICIENTE POLIGÉNICO

No obstante, la enorme mayoría de las características humanas no son monogénicas, como, por ejemplo, la homosexualidad estricta o la esterilidad. Si un solo gen mutado fuera el responsable de ellas este hubiera sido eliminado de la población humana, al impedir la reproducción de quienes lo poseyesen. Por ello, en general, las cosas no son tan simples para la mayoría de las enfermedades, y no digamos ya para condiciones tan complejas como la inteligencia o la personalidad extrovertida, y numerosos genes participan en su desarrollo. En este caso se dice que la enfermedad, o la condición, es poligénica.

Lo estudios de asociación genómica intentan averiguar qué genes pueden ser los responsables de una enfermedad o condición y estimar cuántos son. Estos mostrarán ciertas variantes asociadas a ellas. Puesto que algunas de estas variantes pueden ser muy infrecuentes, para que se puedan detectar en el estudio necesitamos analizar el genoma de decenas o incluso de centenares de miles de personas. Pensemos que si la variante tiene una frecuencia de 1 en 10.000 no es ni siquiera seguro que analizando a 10.000 personas dicha variante esté presente en al menos una de ellas. Por esta razón, estos estudios son muy extensos. Por ejemplo, en el mencionado sobre la homosexualidad se estudió el genoma de cerca de medio millón de personas calificadas como homosexuales.

Los estudios de asociación genómica revelan, en general, decenas o centenares de variantes génicas. Algunas de esas variantes aparecen con mayor frecuencia, por lo que esos genes parecen ser más responsables que otros en la enfermedad o condición que se estudia. Sin embargo, ninguna de ellas es responsable al 100%. Por esta razón, los científicos estiman la importancia de todos los genes sumando las frecuencias de cada variante génica identificada en el estudio como asociada con la enfermedad o condición. Esto es lo que, a falta de una mejor definición, yo llamo coeficiente poligénico. Este coeficiente poligénico es un valor numérico que puede ser calculado para cada persona y es una estimación de la influencia que las variantes de genes que esta posee pueden ejercer en que dicha persona desarrolle o no una enfermedad o una determinada cualidad personal. Esto es lo que han hecho los científicos para la homosexualidad que, como hemos dicho, no puede depender de un solo gen, sino que está influida por muchos, además de por factores no directamente genéticos.

Poco a poco se van identificando más variantes génicas y se están estimando con mayor precisión los coeficientes poligénicos para numerosas enfermedades. Estos datos permitirán en el futuro avanzar en la medicina preventiva y personalizada, al permitir estimar desde la infancia el riesgo genético para desarrollar determinadas enfermedades, lo que permitirá minimizarlo modificando las condiciones del ambiente en el que vivamos: alimentación, educación, etc.

Referencia: Andrea Ganna et al (2019). Large-scale GWAS reveals insights into the genetic architecture of same-sex sexual behavior.
https://science.sciencemag.org/content/365/6456/eaat7693

20 de octubre de 2019

SINAPSIS Y POROSOMAS

Entre las mayores aportaciones de la ciencia se encuentra su capacidad para revelarnos las extraordinarias maravillas que subyacen detrás de cada acto cotidiano. Por ejemplo, el acto de escribir en un ordenador es absolutamente increíble, extremadamente improbable en el universo. Primero, se necesitan miles de millones de células conectadas, las neuronas, comunicándose señales bioquímicas a velocidades de hasta mil veces por segundo, para generar el movimiento preciso de los dedos que presionan las teclas adecuadas y forman las palabras y frases que aún otra parte del cerebro ha ideado. Segundo, un sofisticado sistema electromecánico transforma esas señales en señales electrónicas que, tras ser debidamente procesadas, acaban por encender o apagar píxeles sobre una pantalla, la cual es en sí misma un mecanismo muy complejo.

Todas las actividades cotidianas, desde acordarse de dónde hemos dejado el móvil a planificar el desayuno –lo que solo sucede tras haber mirado el móvil unas cuantas veces– dependen de la comunicación entre las neuronas, la cual depende a su vez de mecanismos moleculares que se producen continuamente a gran velocidad en la zona de interacción neuronal, la llamada sinapsis. Recordemos que la sinapsis funciona mediante la liberación al espacio sináptico por una neurona de pequeñas moléculas, llamadas neurotransmisores, que interaccionan con moléculas receptoras presentes en la otra neurona y les envían una señal activadora. Toda una coreografía de sinapsis se pone en marcha para coordinar y gestionar desde las tareas más simples a las más complicadas.

Para que las sinapsis puedan funcionar a la velocidad requerida, las neuronas sintetizan los neurotransmisores con antelación y los almacenan en unas vesículas que son como unas pequeñísimas burbujas en el interior de las células, cuya superficie es similar a la de la membrana celular. Para liberar al espacio de las sinapsis los neurotransmisores contenidos en las vesículas, estas deben fusionarse con la membrana de la célula. Esta fusión se produce en respuesta a señales bioquímicas recibidas por la neurona, y no debe producirse si las señales no son recibidas. Además, una vez recibida la señal, las vesículas deben fusionarse de inmediato con la membrana celular para permitir una comunicación rápida entre las neuronas.

Como con tantos otros procesos vitales, es necesario alcanzar un equilibrio que en este caso garantice que las vesículas no se fusionan sin razón, pero que, una vez recibida la señal, consiga que las vesículas se fusionen sin retraso. Esto requiere colocar a las vesículas en una situación en la que estén muy cercanas a la fusión con la membrana, impidiendo, no obstante, que esta se produzca hasta que la señal sea recibida. En otras palabras, las vesículas están siempre al borde de liberar sus contenidos al exterior y para evitar que esto se produzca hasta que la señal dé la orden, es necesario frenar la tendencia de las vesículas a liberar su carga.

Para conseguir este estado de cosas, las neuronas forman en su membrana externa unas estructuras constituidas por varias proteínas que controlan la fusión de las vesículas con ella. Estas estructuras se denominan porosomas, o sea, cuerpos formadores de poros. Estos porosomas son muy pequeños, de tan solo unos 10 a 15 nanómetros de longitud, por lo que en tan solo un milímetro cabrían de 66.000 a 100.000 posoromas. Las vesículas cargadas con los neurotransmisores poseen igualmente proteínas que les permiten unirse a estas estructuras de la membrana sin por ello fusionarse con ella. De este modo, las membranas de la vesícula y de la célula entran en contacto, pero la fusión de la vesícula con la membrana solo se produce cuando la señal bioquímica es recibida. Esta señal, que genera un aumento de iones calcio en la célula, acaba por producir un cambio de forma en las proteínas del porosoma, cambio que permite y estimula así la fusión.

FRENO A LA FUSIÓN

Los estudios realizados sobre las sinapsis, desde que Ramón y Cajal las descubrió, han permitido revelar las proteínas que facilitan la fusión de las vesículas con la membrana. Esto valió a sus descubridores ganar el premio Nobel de Medicina el año 2013. Sin embargo, las moléculas de proteína responsables del mecanismo inicial de frenado de esta fusión eran aún desconocidas. Estas proteínas forman una especie de tapón central del porosoma, en la zona de contacto entre la vesícula y la membrana. Este tapón es el que impide que las vesículas liberen sus contenidos, y debe ser abierto para que esto suceda. Igualmente, también debe cerrarse a continuación, ya que no es siempre necesario ni apropiado que las vesículas unidas al porosoma se fusionen por completo con la membrana y liberen todos sus contenidos, sino solo una fracción de estos.

Investigadores de la Universidad de Wisconsin, en EE. UU., descubren ahora las proteínas que forman el tapón del porosoma e impiden la liberación de los neurotransmisores al espacio sináptico a menos que la señal bioquímica sea recibida. La proteína más importante de este tapón se llama sinaptotagmina-1 y su existencia ya era conocida. Lo que no se conocía era su importante función como parte del tapón que regula la fusión de las vesículas en las sinapsis.

Este descubrimiento se añade a otros anteriores del mismo grupo de investigación que revelaron que los porosomas no son solo compuertas abiertas o cerradas, sino que funcionan como verdaderas válvulas de control de la fusión de las vesículas sinápticas. Esto es lo que es esperable de una función absolutamente vital para todo, incluso para la existencia de las ideas, que los porosomas desempeñan miles de millones de veces cada segundo, si combinamos lo que sucede en todas las neuronas del cerebro.

Por supuesto, estos nuevos descubrimientos pueden ser muy importantes para el desarrollo de nuevas terapias contra enfermedades mentales, ya que muchas de ellas son causadas por una actividad anómala de las sinapsis. Comprender mejor cómo estas funcionan permitirá desarrollar nuevos fármacos para intervenir de manera más eficaz sobre su funcionamiento cuando sea necesario.

Referencia: Nicholas A. Courtney et al. Synaptotagmin 1 clamps synaptic vesicle fusion in mammalian neurons independent of complexin. Nature Communications (2019). | https://doi.org/10.1038/s41467-019-12015-w

27 de octubre de 2019

NANOJERINGAS BACTERIANAS

Cuando mencionamos la palabra "bacteria" solemos evocar imágenes de enfermedad, incluso de muerte. Sin embargo, solo unas pocas especies de bacterias causan enfermedad. Al contrario, numerosas especies bacterianas viven en simbiosis con nosotros, en la superficie del intestino y también de las vías aéreas y urogenitales, y afectan aspectos muy importantes de nuestra salud, e incluso afectan de manera sustancial a nuestra propia personalidad.

Además de nuestra especie y de otros mamíferos para los que la simbiosis bacteriana es fundamental, existen en la Naturaleza relaciones de amor, o de interés, entre bacterias y otros organismos realmente sorprendentes. Tomemos, por ejemplo, las bacterias del género *Photorhabdus*. Estas bacterias viven en simbiosis con un pequeño gusano nematodo, una clase de gusanos que suelen ser parásitos de otros animales. En este caso, el nematodo vive en el interior del intestino de varias especies de insectos. Una vez el gusano se ha establecido como parásito en un insecto, probablemente porque este lo ha injerido a partir de una fuente de alimento contaminada, el gusano regurgita una pequeña dosis de su contenido intestinal, que es rico en las bacterias *Photorhabdus*. De este modo, estas bacterias salen del intestino del gusano para encontrase ahora en el intestino del insecto. Si antes eran gentiles con su anfitrión, el gusano, ahora van a transformarse en unas asesinas para el insecto. Las bacterias resisten el ataque del sistema inmunitario del insecto y se reproducen con rapidez, matándolo. Tras la muerte, las bacterias digieren los órganos del insecto, que finalmente se convierten en una densa sopa de bacterias *Photorhabdus*, las cuales sirven de fuente de alimento para el gusano, lo que favorece su reproducción. Cuando la fuente de alimento proporcionada por el insecto comienza a no ser suficiente para las bacterias, estas se reasocian con las nuevas larvas ya infecciosas del gusano y, juntas, bacterias y gusanos, emergen del cadáver del insecto para poder infectar a una nueva víctima.

Si la cooperación para alimentarse tiene un sentido inmediato, otro tipo de colaboraciones entre gusanos y bacterias son menos evidentes. Un ejemplo asombroso lo tenemos en unas bacterias que son necesarias para inducir la metamorfosis de ciertos animales marinos. Entre estos se encuentran los corales, y también las larvas de algunos gusanos, llamados tubícolas, los cuales, tras la metamorfosis de larva a adulto, se establecen en una superficie, de la que ya no se mueven en su vida, y generan un tubo mineralizado en el que viven y desde el que proyectan prolongaciones en forma de plumas que les permiten captar alimento. La metamorfosis de estos animales es imposible sin el concurso de ciertas bacterias. Aunque este hecho se conoce desde los años 30 del siglo pasado, se sigue desconociendo cómo las bacterias pueden causar estos profundos efectos sobre la biología de muchos animales. No obstante, se ha descubierto que algunas pequeñas moléculas producidas y liberadas por las bacterias participan en la metamorfosis de los corales, y otras en la metamorfosis del erizo de mar, que también necesita de las bacterias para llevarla a cabo. Sin embargo, probablemente sea necesaria la acción de moléculas más grandes, como las proteínas, para afectar o inducir la metamorfosis en otros casos.

ESTRELLAS DE LA MUERTE

Así las cosas, no se había conseguido aún dar una respuesta a la pregunta de cómo se las arreglan las bacterias para, en un caso, convertir en sopa bacteriana a todo un insecto y en otro para inducir la metamorfosis de ciertos animales. Dos recientes estudios arrojan luz sobre esta cuestión, y, lo más importante, descubren que las bacterias simbiontes son capaces de generar y de liberar complejos moleculares que contienen una especie de jeringas minúsculas, capaces de introducir moléculas producidas por ellas directamente en otras células.

La capacidad de inyectar toxinas directamente en las células era ya conocida en el caso de algunas bacterias causantes de enfermedad. Estas forman en su superficie un complejo de alrededor de 20 proteínas que se ha denominado el inyectisoma, con el que son capaces de inyectar toxinas en las células para matarlas y liberar así sus contenidos al exterior, que las bacterias utilizan como nutrientes. Para conseguir esto, la bacteria debe adherirse a la superficie de la célula a la que va a inyectar sus toxinas, producidas previamente y almacenadas en su citoplasma.

Los dos estudios a los que me he referido antes descubren ahora que las bacterias pueden también generar otros complejos moleculares que contienen, en su interior, las sustancias que deben ser inyectadas y, en su superficie, las proteínas que forman las jeringas. Estos complejos, rellenos bien con las sustancias tóxicas, bien con las que inducen la metamorfosis, son secretados al medio exterior.

Estas estructuras moleculares, similares a minúsculos erizos marinos en los que las púas son las jeringas, han recibido el nombre genérico de "estrellas de la muerte", aunque no siempre la causan. Desde luego, las estrellas de la muerte causan la muerte fulminante de las células del insecto infectado con *Photorhabdus*. El conjunto de toxinas inyectado en las células del desafortunado insecto consigue matarlas y que estas liberen sus contenidos al exterior, donde la bacteria los aprovecha para nutrirse y crecer.

Sin embargo, en el caso de la metamorfosis, no solo la bacteria no produce la muerte, sino que se podría decir que induce una nueva vida. Los científicos han descubierto que las estructuras fabricadas por las bacterias simbiontes contienen una proteína que, al ser introducida mediante las jeringas en las larvas de los gusanos marinos, induce su metamorfosis a animal adulto.

Estos estudios, sin duda, aumentan nuestra ya elevada fascinación por la Naturaleza, pero son también importantes porque permiten imaginar utilizar a las estrellas de la muerte como instrumentos para liberar medicamentos o sustancias biológicas activas al interior de nuestras células y tratar así de manera más específica y efectiva algunas enfermedades. Las estrellas de la muerte se transformarían así, gracias a la ciencia, en estrellas de vida. Ojalá esta promesa se convierta pronto en realidad.

Referencias 1) Isabella Vlisidou el al (2019). The Photorhabdus asymbiotica virulence cassettes deliver protein effectors directly into target eukaryotic cells. https://doi.org/10.7554/eLife.46259 2) Charles F Ericson et al (2019). A contractile injection system stimulates tubeworm metamorphosis by translocating a proteinaceous effector. https://doi.org/10.7554/eLife.46845

3 de noviembre de 2019

AVANCES EN EL DIAGNÓSTICO DEL CÁNCER

El congreso de la sociedad europea de oncología médica (ESMO) celebrado en 2019 ha revelado interesantes avances en la lucha contra el cáncer, la mayoría de los cuales se han podido materializar gracias a la investigación básica realizada, en ocasiones, décadas antes. En este congreso se presentaron innovadoras estrategias terapéuticas que pueden permitir en el futuro elevar las tasas de curación de varios tipos de cánceres. No hay duda de que en congresos científicos similares a este se reúnen un elevado porcentaje de las escasas buenas noticias que se producen en el planeta.

Tanto o más importantes que nuevas estrategias terapéuticas que permitan curar estados avanzados del cáncer son también nuevos métodos de detección y diagnóstico temprano. Diagnosticar un cáncer lo antes posible es uno de los factores que más influencia ejerce sobre que pueda o no lograrse la curación. Los métodos de detección, además de ser sensibles, es decir, de ser capaces de detectar tumores muy pequeños, y de ser específicos, es decir, que no confundan el cáncer con otro tipo de problemas o malformaciones, deberían idealmente ser escasamente invasivos, o sea, no excesivamente dolorosos ni molestos para los pacientes. En la actualidad, muchos de los métodos de diagnóstico preciso del cáncer necesitan de la obtención de una biopsia mediante una punción o cirugía. Sería mucho más fácil y cómodo poder extraer una muestra de sangre y, mediante algún tipo de análisis, determinar si se está enfermo de cáncer o no y, si es así, determinar qué tipo de tumor se está desarrollando.

En el congreso de la ESMO se han presentado no uno, sino dos nuevos métodos de detección y diagnóstico del cáncer que se basan en solo la extracción de sangre y en la secuenciación del ADN que en ella se encuentra. Esto merece una explicación.

Muchas de las células de nuestro cuerpo se están reemplazando continuamente. Algunas células mueren y son sustituidas por células nuevas, derivadas de células madre de diversos órganos. Las células que mueren pueden ver su ADN cortado en fragmentos y liberado al exterior. Algunos de estos fragmentos pasan a la sangre. Por otra parte, en el caso de que se desarrolle un tumor, las células tumorales también mueren y pueden así liberar a la sangre fragmentos de su ADN. En este caso, algunos de esos fragmentos contendrán información sobre las mutaciones que han producido el cáncer, lo que los identificará como ADN procedente de un tumor de uno u otro tipo, y no procedente de una célula normal que ha sido reemplazada.

Gracias a este fenómeno, se puede intentar secuenciar el ADN de la sangre de presuntos pacientes de cáncer para comprobar si de este modo es o no factible diagnosticar e incluso, en caso de detectarse, clasificar al tumor como más o menos maligno, ya que esta clasificación depende frecuentemente de la cantidad y tipo de las mutaciones producidas en los genes del tumor.

SECUENCIACIÓN AVANZADA

Esto es lo que han intentado, con bastante éxito, dos grupos de investigación. El primero estudia a pacientes del tipo de cáncer de pulmón más frecuente (llamado por los oncólogos NSCLC). Este tipo de cáncer se hace más o menos maligno dependiendo de la presencia de mutaciones en un gen llamado ALK, que produce un enzima involucrado en el crecimiento celular. Si existen esas mutaciones, el tumor es más maligno que si no existen y esto tiene implicaciones sobre el tipo de terapia que debe administrarse a los pacientes. Normalmente, para determinar si el tumor posee o no la mutación génica es necesario realizar una biopsia. Sin embargo, los investigadores intentaron determinar la presencia de mutaciones génicas en el gen ALK estudiando el ADN contenido en la sangre de alrededor de 2.000 pacientes diagnosticados con NSCLC, utilizando las últimas tecnologías de secuenciación de ADN. Lo consiguieron. Con esta nueva tecnología lograron identificar a los pacientes con la mutación génica con la misma fiabilidad que realizando una biopsia.

Más impresionantes aún son, si cabe, los resultados de otro grupo de investigación que también utiliza las ultimas tecnologías de secuenciación de ADN para determinar la presencia, no ya de mutaciones, sino de modificaciones químicas que son propias de los tumores. Estas modificaciones químicas añaden los llamados grupos metilo (-CH_3) al ADN (un grupo de átomos derivado del metano CH_4). La presencia de estos grupos químicos en el ADN modifica el funcionamiento de los genes. Por ello, muchos tumores cambian su patrón de metilación del ADN, lo que les permite crecer más rápidamente.

El análisis mediante estas nuevas tecnologías del ADN contenido en la sangre de 3.600 personas, algunas de ellas pacientes de cáncer; otras, no, logró determinar que esta nueva metodología es capaz no solo de detectar si una persona sufre un cáncer o no, sino también el tipo de cáncer que padece. La exactitud fue remarcable. Solo el 0,6% de las personas estudiadas fue incorrectamente diagnosticada con un cáncer cuando no lo tenía. La sensibilidad, en cambio, no fue tan elevada, ya que solo detectó el 32% de los casos de cáncer poco avanzados, aunque el nivel de detección subió al 93% en el caso de los más avanzados, probablemente porque estos son tumores mayores y liberan mayor cantidad de ADN a la sangre. La prueba determinó con exactitud el órgano originario del cáncer (hígado, riñón, páncreas, etc.) el 97% de las veces.

Estas nuevas técnicas de detección y diagnóstico de cáncer pueden en breve añadirse a las que ya disponemos hoy para poder realizar diagnósticos precoces con mucha mayor fiabilidad que la que tenemos actualmente. Sin duda, esto permitirá importantes victorias en la lucha contra el cáncer.

Referencias: https://www.sciencedaily.com/releases/2019/09/190928082724.htm; https://www.eurekalert.org/pub_releases/2019-09/dci-nbt092519.php

10 de noviembre de 2019

COCINA PARA NUESTRAS BACTERIAS

Hace ya algunos años hablé en este y otros medios sobre la gran influencia que el cocinado de los alimentos había ejercido sobre nuestra propia evolución. Cocinar los alimentos es un comportamiento específicamente humano, puesto que somos el único animal capaz de controlar el fuego y, al mismo tiempo, ha influido mucho en nuestra humanidad.

La preferencia que no solo nosotros, sino también otros animales que no pueden cocinar, mostramos por los alimentos cocinados proviene de que el cocinado de los alimentos modifica las propiedades de estos de modo que el cerebro los detecta como más apetitosos y nutritivos. Cocinar los alimentos aumenta en gran medida su valor calórico, porque facilita de manera muy importante la digestibilidad, tanto de los hidratos de carbono como de las proteínas. Por ejemplo, el almidón crudo solo puede aprovecharse en un máximo de un 50% de la cantidad ingerida, mientras que los gránulos que lo forman se hinchan y se fragmentan tras su cocinado, lo que aumenta su digestibilidad hasta el 90%, al hacerlo más accesible a las enzimas digestivas. Las proteínas son también afectadas por el calor al cocinarlas y pierden su conformación nativa, aumentando igualmente la accesibilidad de las enzimas digestivas e incrementando de ese modo su valor nutritivo. Por ejemplo, la proteína de un huevo crudo solo puede ser aprovechada en alrededor de un 60%, mientras que la de un huevo cocido puede ser aprovechada en más de un 90%. Además de aumentar la digestibilidad, el cocinado de los alimentos disminuye la energía necesaria para masticarlos y digerirlos, lo que hace que el balance energético neto de los alientos cocinados, es decir, la energía que se extrae de ellos menos la que se necesita invertir para su digestión, sea mucho más positivo que el de los alimentos crudos.

Comer alimentos cocinados fue lo que permitió que nuestro cerebro pudiera crecer hasta alcanzar el tamaño actual. El cerebro consume una gran cantidad de energía y esta debe ser obtenida cada día. A lo largo de nuestra evolución, no solo se modificó el tamaño del cerebro, sino también el de las mandíbulas y tubo digestivo. Se podría pensar que, para poder ingerir mayor cantidad de alimentos y conseguir un mayor aprovechamiento digestivo, necesario para mantener un cerebro más grande, tanto las mandíbulas como el tubo digestivo deberían haber crecido. Sin embargo, ha sucedido lo contrario y tanto nuestras mandíbulas como el tubo digestivo disminuyeron sustancialmente de tamaño en comparación a los de otros simios. Esta paradójica reducción de la capacidad de mandíbulas y tubo digestivo para procesar alimentos solo puede explicarse si tenemos en cuenta el enorme efecto que el cocinado de los alimentos ejerce sobre su valor nutritivo aprovechable, lo cual permitió un ahorro en el gasto necesario para mantener un intestino y estómago grandes, y dedicar ese ahorro energético al crecimiento del cerebro.

COMIENDO CON NOSOTROS

Todas estas y otras consideraciones que no podemos analizar aquí indican que la dieta natural de nuestra especie es la dieta cocinada. De hecho, experimentos con voluntarios indican que una dieta a base de alimentos crudos no permite conseguir todos los nutrientes que necesitamos. Entre algunos efectos de la dieta cruda se encuentra que las mujeres dejan de menstruar, al no poder conseguir suficientes nutrientes para el embarazo, lo que resulta realmente pernicioso para la supervivencia de la especie. Nuestro sistema digestivo no está adaptado a los alimentos crudos.

Sin embargo, cuando comemos, nunca lo hacemos solos. No me refiero a los familiares y amigos, sino a las bacterias de nuestro intestino, a la llamada microbiota intestinal. Esta siempre come nuestra misma dieta con nosotros. Esto sugiere que cuando nuestra especie comenzó a cocinar alimentos y a afectar así a nuestra propia evolución, también afectó a la comunidad de bacterias que habitan nuestro intestino en simbiosis con nosotros, y que hoy sabemos son fundamentales para nuestra salud, no solo física, sino también mental.

Sin embargo, los efectos que una misma dieta cruda o cocinada puede ejercer sobre la microbiota intestinal no habían sido estudiados. Un nutrido (nunca mejor dicho) grupo de investigadores, en su mayoría de la Universidad de Harvard, decidió abordar este interesante asunto. Como ya se conoce que una dieta cruda puede ser perjudicial para la salud humana, este tipo de experimentos no puede hacerse con seres humanos, comparando dos grupos, uno que come una dieta cruda y otro que la come cocinada. Por esta razón, los investigadores suministraron una misma dieta, que incluía carne y vegetales, bien cruda, bien cocinada, a dos grupos de ratones de laboratorio a los que luego se analizó su microbiota.

Las diferencias fueron muy notables, sobre todo en el caso de una dieta basada en verduras, no tanto en el caso de la carne. Los genes activados en la microbiota por la dieta de verduras crudas fueron muy diferentes de los activados por la dieta cocinada. Entre ellos se encontraban genes que luchan contra los antibióticos, en particular contra los producidos de forma natural por las plantas para protegerse de las bacterias, que son inactivados por el calor y que ya no se encuentran, por ello, activos en los alimentos cocinados.

Esta importante diferencia no se observó al proporcionar a los ratones carne cocinada o cruda, aunque la digestibilidad de la carne sí fue muy diferente.

Estos datos indican que la ingesta de verduras crudas afecta a la microbiota de modo que estimula sus mecanismos de defensa frente a sustancias que pueden dañar a las bacterias, lo que distrae a estas de la digestión y fermentación de los alimentos y de la producción a partir de ellos de las sustancias que necesitamos, como ciertas vitaminas. El estudio indica igualmente, que las bacterias que componen hoy nuestra microbiota natural son las que se adaptaron con nosotros a los alimentos cocinados. Una dieta completamente cruda resulta, por tanto, también antinatural para ellas y puede afectar a su equilibro y, por consiguiente, a nuestra salud.

Referencia: Carmody RN et al. Cooking shapes the structure and function of the gut microbiome. Nature Microbiol. 2019 Sep 30. doi: 10.1038/s41564-019-0569-4.

17 de noviembre de 2019

CURA DEL CÁNCER POR "NARICES"

Por desgracia, algo que no controlamos y que puede sucedernos con cierta probabilidad es que desarrollemos un cáncer. Que este se forme o no es, sobre todo, cuestión de mala suerte, de que se generen al azar mutaciones en genes que transforman a las células en tumorales. Así lo indican importantes estudios de los que hablé en su momento. La mala suerte puede verse incrementada por otros factores, como fumar, beber o no hacer ejercicio físico, pero, sin ella, esos factores no conducirán al desarrollo del cáncer.

Afortunadamente, incluso si hemos tenido la mala fortuna de que se genere un cáncer, la suerte puede sonreírnos si este es suficientemente diferente a nuestras propias células sanas como para que pueda ser detectado como extraño por el sistema inmunitario. Muchas veces, si esto sucede, el cáncer es eliminado sin que nos enteremos de que se generó. Otras veces, en cambio, las células tumorales "aprenden" a evadirse de la acción del sistema inmunitario mediante la fabricación de moléculas que frenan o impiden la actividad de las células inmunes.

El descubrimiento de que los tumores pueden generar moléculas que frenan la acción del sistema inmunitario, y evitar así ser eliminados por este, ha permitido el desarrollo de inmunoterapias contra el cáncer que impiden la acción de esas moléculas tumorales y posibilitan que el sistema inmunitario siga activo y elimine al tumor. Estas inmunoterapias se han denominado inmunoterapias de punto de bloqueo, porque intentan impedir que los tumores bloqueen la actividad del sistema inmunitario.

Sin embargo, aquí, de nuevo, también interviene el azar de las mutaciones genéticas. Si los tumores no han mutado demasiado y no se han hecho muy diferentes de las células normales, no serán eliminados por el sistema inmunitario y la terapia del punto de bloqueo no funcionará. Desgraciadamente, es lo que sucede en un porcentaje no pequeño de pacientes de cáncer. ¿Cómo podríamos saber si un paciente sufre de un tumor lo suficientemente diferente de sus células normales como para que la terapia de punto de bloqueo pueda funcionar? Para saberlo, es necesario averiguar cómo han variado las "caras de identidad" del tumor frente a las "caras de identidad" de las células normales.

¿Qué es esto de las "caras de identidad"? Y bien, si nuestra identidad, al menos para algún teléfono móvil moderno, depende de las características físicas de nuestro rostro, las células también muestran "rostros" moleculares en su superficie que indican a las células de sistema inmunitario que son células del propio organismo. Estos "rostros" moleculares también indican si las células están sanas o están enfermas, por ejemplo, por haber sido infectadas por un virus o por haberse transformado en tumorales. Sin embargo, mientras cada uno de nosotros poseemos un rostro, para el sistema inmunitario cada célula posee seis "rostros", cada uno de un tipo, pero que pueden, además, poseer miles de "narices" diferentes. En conjunto, la célula muestra así miles de "rostros" diferentes, en particular por las diferentes "narices" que poseen, "rostros" que indican a las células del sistema inmunitario su estado de salud.

Mutación de los "rostros"

¿Qué sucede con los "rostros" si la célula se transforma en tumoral? Y bien los "rostros" cambian, pero no porque las seis clases de "rostros" se hagan diferentes, sino porque algunas de las "narices" mostradas por esos "rostros" son distintas. La razón es que mientras los "rostros", excepto la "nariz", se generan por seis genes celulares, que es muy improbable que muten, las "narices" son generadas por el resto de los genes de las células, algunos de los cuales mutarán sin remedio en una célula tumoral. Las "narices" son, de hecho, trocitos de proteínas celulares. Cualquier gen que mute y que produzca proteínas mutadas que puedan generar "narices" diferentes, podrá dar lugar a un cambio en los "rostros" mostrados por las células. Por esta razón, cuantas más mutaciones hayan sufrido las células tumorales, más probable será que una de esas "narices" mutadas indique al sistema inmunitario que la célula está enferma y debe ser eliminada. Los tumores "saben" que esta situación puede producirse y por eso generan moléculas en su superficie que bloquean la actividad inmunitaria. La inmunoterapia del punto de bloqueo permite reactivar dicha actividad para eliminar al tumor.

La cuestión para saber si la inmunoterapia de punto de bloqueo puede funcionar o no en un paciente de cáncer concreto se resume, por tanto, en averiguar si el tumor ha mutado lo suficiente como para que posea "rostros" con "narices" lo suficientemente extrañas como para que el sistema inmunitario los detecte y elimine a las células tumorales. Si las mutaciones no han sido capaces de generar muchas "narices" extrañas, será mejor entonces utilizar otra estrategia terapéutica para frenar al tumor.

Investigadores de la Universidad de Pennsylvania, haciendo uso de las nuevas tecnologías de análisis de ADN y utilizando métodos bioinformáticos, son capaces ahora de analizar las "narices" particulares de los tumores de cada paciente y de determinar así el grado de probabilidad de éxito de la terapia de punto de bloqueo. Los científicos han desarrollado un sistema informático que permite introducir los datos de las secuencias genómicas de los tumores para predecir cuántas "narices" diferentes de las normales son generadas por el tumor y su capacidad para estimular una respuesta inmunitaria contra él. De este modo los pacientes podrán ser tratados con la terapia antitumoral que mayor probabilidad de éxito ofrezca para curar el tumor. Esperemos que esta tecnología pronto pueda estar disponible en los hospitales.

Referencia: Lee P. Richman et al. (2019). Neoantigen Dissimilarity to the Self-Proteome Predicts Immunogenicity and Response to Immune Checkpoint Blockade. Cell Systems 9, 1–8, October 23, 2019.
https://jorlab.blogspot.com/2017/05/la-tombola-del-cancer-ha-sido-confirmada.html

24 de noviembre de 2019

CEREBRO, MADRES Y MALTRATO INFANTIL

La ciencia no solo estudia las consecuencias del comportamiento de la Naturaleza, sino también las consecuencias del comportamiento humano. Un claro ejemplo lo tenemos en la investigación sobre el calentamiento global, el cual no existiría de haberse comportado la Humanidad de otra forma más respetuosa con su propio planeta. Otro ejemplo también lo encontramos en el estudio de las consecuencias del maltrato infantil, que, evidentemente, no sería necesario investigar de no existir este deleznable comportamiento abusivo.

De entre todos los tipos de maltrato que pueden sufrir los niños, posiblemente el más pernicioso sea el infligido por las personas que deberían cuidarlos. La psicología y las neurociencias han confirmado que el maltrato infantil infligido por padres o madres se traduce en un serio riesgo para la aparición de enfermedades físicas y mentales más tarde en la vida. Los estudios llevados a cabo tanto observando los efectos del maltrato en seres humanos, como realizando estudios de laboratorio con animales, han revelado que existen principalmente dos factores que están asociados a las consecuencias del maltrato infantil en la vida adulta.

El primero de ellos lo constituyen las hormonas del estrés, en particular los glucocorticoides, generados por la glándula adrenal y que ejercen una multitud de efectos sobre el organismo para prepararlo a dar una respuesta eficaz frente situaciones estresantes. Cuando la respuesta da sus frutos y el estrés desaparece, todo vuelve a la normalidad, pero el problema surge cuando esto no sucede y los glucocorticoides siguen siendo producidos de manera crónica ante una situación de estrés percibido de forma continuada que no puede ser controlada.

Las hormonas del estrés pueden liberarse en los niños en respuesta a cualquier escenario estresante, sea este causado por quienes los cuidan o por una situación no relacionada con estas personas. Sin embargo, se ha comprobado que los efectos del estrés son más graves si este es causado por un comportamiento maltratador por parte de quienes deben ocuparse de su cuidado, personas que deberían con su comportamiento disminuir el estrés de los niños y no aumentarlo. Esta disonancia entre el comportamiento que los niños esperan de sus cuidadores y el que realmente se produce acarrea efectos más graves para ellos.

Desagradables estudios

A pesar de que estos estudios han dejado claro que el maltrato infantil conlleva graves consecuencias para la salud mental, aún no se conocen con exactitud los efectos sobre el desarrollo del cerebro que el maltrato puede causar. En particular, no se conocía si sufrir estrés en presencia de los progenitores o cuidadores resultaba en efectos para el desarrollo cerebral de los niños diferentes a los causados por experimentar estrés solos y por causas diferentes de las de un maltrato. Adquirir este conocimiento es importante para realizar intervenciones adecuadas que permitan paliar los efectos del maltrato infantil.

Obviamente, llevar a cabo con niños este tipo de estudios es imposible por razones éticas. No podemos someter a un grupo de niños a maltrato familiar y a otro, no para comparar qué sucede luego en sus cerebros. Además, es evidente que, en caso de detectar maltrato infantil, nuestra obligación no es estudiarlo, sino detenerlo y denunciarlo. Por estas indiscutibles razones, este tipo de estudios solo puede realizarse con animales de laboratorio, y aun en este caso pueden surgir también dudas éticas.

Sea como fuere, es lo que han hecho con ratas de laboratorio un grupo de investigadores de varias universidades estadounidenses y canadienses. Los científicos sometieron a un grupo de ratas de laboratorio de 8 días de edad a la presencia de una madre adoptiva maltratadora. A los 13 días de edad, comprobaron que las ratas habían desarrollado problemas de integración social asociados a anomalías en dos regiones del cerebro, la amígdala y el hipocampo, las cuales ya habían sido identificadas en otros estudios como probables blancos de la acción del estrés. La amígdala es una región cerebral involucrada en la gestión de ciertas emociones, como el miedo y la ansiedad, mientras que el hipocampo es una región involucrada en la memoria.

A continuación, los investigadores estudiaron si las hormonas del estrés ejercen similares efectos sobre el cerebro en presencia o ausencia de la madre. Para ello, administraron cortisona, una hormona del estrés, a tres grupos de ratas de 8 días, tras lo cual las colocaron en presencia de una madre no maltratadora, que las cuidaba y las protegía, de una madre sedada, que no se ocupaba de ellas, pero tampoco las maltrataba, o de un muñeco inanimado.

Los resultados de este tratamiento mostraron que la presencia de la madre ejerce un importante efecto. Los investigadores encuentran que la hormona del estrés solo produce efectos sobre la integración social y sobre la amígdala en presencia de una madre, independientemente de su comportamiento, mientras que los efectos del estrés sobre el hipocampo no dependen de la presencia de una madre o de su comportamiento, sea este cuidadoso o aletargado por la anestesia. Los investigadores creen que el mero olor emanado por una rata adulta, aun anestesiada, olor que es obvio no emana de un muñeco inanimado, es ya suficiente para afectar el desarrollo del cerebro de sus hijos.

Estos estudios sugieren que el maltrato en la infancia por padres y cuidadores causaría problemas en el desarrollo cerebral de los niños más graves y distintos de que los que pueda causar el estrés sufrido en ausencia de los progenitores. Indican, además, que el comportamiento de estos, si conduce al estrés de los hijos, puede ejercer efectos más perniciosos que los originados por otras situaciones de estrés no causadas por ellos.

Referencia: Charlis Rainekia, et al. During infant maltreatment, stress targets hippocampus, but stress with mother present targets amygdala and social behavior. www.pnas.org/cgi/doi/10.1073/pnas.1907170116

1 de diciembre de 2019

METAGENÓMICA DE LA MARATÓN

La investigación biomédica ha revelado dos factores que impactan muy significativamente en nuestra salud. El primero es el ejercicio físico, que no solo permite alargarnos la vida, sino también disfrutar más de esta, al mejorar nuestro estado de ánimo. El segundo es la composición bacteriana de nuestra flora intestinal, hoy llamada microbiota intestinal.

Los efectos del ejercicio físico y de la microbiota sobre la salud son tan evidentes que resultó obvio investigar si acaso el ejercicio físico, además de a nuestro propio organismo, no beneficiaba también a la microbiota intestinal y, a través de ella, a nuestra salud. En los últimos cinco años, un puñado de estudios ha explorado esta posible relación, que no es descabellada, ya que el ejercicio físico afecta a nuestro metabolismo, por lo que podría inducir la generación de compuestos derivados de azúcares o grasas que podrían afectar al crecimiento de ciertas especies o géneros de bacterias intestinales.

Las investigaciones realizadas indican, en efecto, que hasta cinco géneros diferentes de bacterias son más abundantes en los intestinos de los atletas. No obstante, esto es solo una observación que no implica que sea el ejercicio físico el causante de estas diferencias; ni mucho menos que estas estén asociadas con una mejor salud de los atletas.

Para intentar averiguar más sobre la posible relación entre la microbiota intestinal y el ejercicio físico, investigadores de la Facultad de Medicina de la Universidad de Harvard pensaron que posiblemente lo mejor sería estudiar la flora intestinal de atletas de élite de deportes extremos, como los maratonianos. Sin duda, los efectos del ejercicio físico sobre la microbiota intestinal deberían ser más evidentes en ellos que en quienes salen ocasionalmente a correr solo por unos minutos.

Los investigadores estudiaron a un grupo de 15 atletas de élite que iban a correr la maratón de Boston, a los que compararon con 10 personas sedentarias. Estas constituyen el control del estudio, es decir, la base sobre la que se podrá decidir si existen diferencias significativas o no entre la población muestra (los atletas) y la población control (las personas sedentarias). Ningún estudio permite extraer conocimiento válido si no cuenta con el control o controles adecuados.

Los investigadores recogieron heces (que contienen las bacterias de la microbiota intestinal) de corredores y controles cinco días antes de que los

197

atletas corrieran la maratón. Una vez concluida la maratón, también recogieron heces de ambos grupos por cinco días más. De esta forma, pretendían averiguar si correr la maratón afectaba o no a la microbiota, es decir, si esta mostraba diferencias causadas directamente por el ejercicio físico.

METAGENÓMICA

Los investigadores analizaron las heces mediante un método llamado metagenómica. La metagenómica consiste en analizar el material genético presente en muestras obtenidas del medio ambiente, no el genoma de animales o plantas concretos. En este caso, las muestras eran las heces de los participantes y el material genético, el de las bacterias presentes en ellas. Este debería ser diferenciado del material genético procedente de las propias células del intestino y de alimentos no completamente digeridos. Para conseguir esta diferenciación, los científicos obtienen la secuencia de "letras" de un ácido nucleico presente solo en los ribosomas de las bacterias, y ausente en otros organismos. Este ácido nucleico, llamado ARNr 16S, es diferente entre diferentes géneros de bacterias. Analizando las secuencias de ARNr 16S de las heces se puede averiguar, por tanto, qué géneros de bacterias se encuentran en ellas y su abundancia.

Los análisis revelaron que un género de bacterias, llamado *Veillonella*, había aumentado mucho en la microbiota de los atletas tras correr la maratón. *Veillonella* utiliza ácido láctico como fuente de energía. El ácido láctico, también llamado lactato, se genera a partir del metabolismo de los azúcares, los cuales son empleados como fuente de energía por el músculo durante el ejercicio físico. Era pues posible que el ácido láctico generado por el músculo durante el ejercicio sirviera de alimento a las bacterias de *Veillonella* y estas se reprodujeran más rápidamente.

Los investigadores confirman que, en efecto, el ácido láctico generado en exceso por el músculo en ejercicio llega al intestino y es utilizado por las bacterias *Veillonella*. ¿Qué hacen estas con él? Los científicos comprueban que *Veillonella* transforma el ácido láctico en un ácido graso muy pequeño, el ácido propiónico (del propano), solo un átomo de carbono mayor que el ácido acético del vinagre. Resulta que el ácido propiónico es una fuente de energía muy eficaz para el músculo. ¿Sería posible que, al producir ácido propiónico, *Veillonella* alimentara a las células musculares con una fuente de energía más eficaz que el propio ácido láctico generado a partir del metabolismo de los azúcares al hacer ejercicio?

Para comprobarlo, los investigadores aíslan las bacterias *Veillonella* de las heces de los atletas y las infunden en el intestino de ratones de laboratorio a los que hacen correr hasta que ya no pueden más. La presencia de *Veillonella* en el intestino de los ratones consigue que estos corran hasta un 13% más que los que no han sido infundidos con la bacteria (los ratones control). Impresionante, pero ¿es el ácido propiónico el causante de este aumento en la capacidad atlética de los ratones? Para comprobarlo, los científicos fabrican unos pequeños supositorios ricos en ácido propiónico y los introducen por el ano a ratones de laboratorio que no han sido infundidos con *Veillonella*. Los supositorios también aumentaron la capacidad atlética de los ratones hasta niveles similares a los conseguidos por la infusión de *Veillonella*, lo que demuestra que es el ácido propiónico el responsable del aumento de la capacidad atlética.

Estos estudios revelan un nuevo hecho sobre la profunda relación simbiótica entre la microbiota y nuestro organismo. Esta relación pudo ser muy importante para la supervivencia de nuestros ancestros cuando estos debían correr grandes distancias por la sabana para atrapar una presa o escapar de un predador.

Referencia: Jonathan Scheiman et al. (2019) Meta-omics analysis of elite athletes identifies a performance-enhancing microbe that functions via lactate metabolism. Nature Medicine. https://doi.org/10.1038/s41591-019-0485-4

8 de diciembre de 2019

INDEFENSIÓN POR SARAMPIÓN

Me gustaría comenzar hoy con el comentario de que uno nunca lo ha visto todo por viejo que se vaya haciendo. Siempre hay cosas por ver, cosas, además, que uno no podía imaginar en la juventud que fueran posibles. Así, en mi ingenuidad juvenil esperaba que, poco a poco, el conocimiento iría disipando las sombras de la ignorancia y, que gracias a eso, la Humanidad progresaría sin retrocesos. Era no contar con un fenómeno al que llamo la ignorancia rebelde. No se trata de no conocer. No se trata incluso de no querer saber. Se trata de saber, pero de no querer aceptar lo que se sabe.

Estoy convencido de que quienes deciden no vacunar a sus hijos saben que las vacunas han salvado millones de vidas desde que se comenzaron a emplear. Sin embargo, por mecanismos mentales que no comprendo, ese conocimiento es desestimado activamente por algunas personas, en una absurda rebelión contra la realidad, aunque estemos aquí hablando de las vidas de sus propios hijos.

La rebelión contra el conocimiento acarrea graves consecuencias. Por ejemplo, desde el año 2000 al 2017, la vacunación contra el sarampión ha conseguido reducir un 80% las muertes causadas por este virus. Sin embargo, en ausencia de vacunación, el contagio con el virus del sarampión es altamente probable. El 90% de las personas no vacunadas serán contagiadas por el virus si entran en contacto con otra persona contagiada. El contagio es fácil, ya que el virus del sarampión se dispersa por el aire, a partir de los aerosoles producidos al toser o estornudar. Estas son las razones por las que el movimiento antivacunas ha logrado que esta enfermedad haya sufrido un repunte mundial del 300%, y afecte así a más de siete millones de niños y mate directamente a más de cien mil, cada año.

Cien mil muertes anuales directas, y muertes adicionales indirectas. El sarampión, enfermedad que carece de tratamiento específico, causa inmunosupresión, es decir, deja a las defensas del organismo muy debilitadas y permite así el ataque de otros microorganismos infecciosos que pueden causar graves enfermedades e incluso la muerte, como infecciones intestinales que originan diarreas muy difíciles de controlar, y neumonía.

No obstante, debido a que la vacunación había reducido enormemente el número de casos de la enfermedad, no se había creído necesario investigar el grado de inmunosupresión causada por el virus del sarampión, ni tampoco los procesos celulares o moleculares por los que la causa. Ahora, un grupo internacional de investigadores europeos y estadounidenses ha querido comenzar a remediar esta triste situación.

TIEMPOS MODERNOS

Históricamente, la primera evidencia encontrada sobre el efecto inmunosupresor del virus del sarampión fue que los niños que habían superado la enfermedad dejaban de responder a la prueba de la tuberculina. Los que tengan una cierta edad quizá aún recuerden esta prueba, administrada para evaluar si la vacuna contra la tuberculosis había resultado o no eficaz. Una prueba positiva indicaba que sí. Pues bien, un resultado positivo en esta prueba podía evolucionar hacia un resultado negativo tras pasar el sarampión, lo que indicaba que la enfermedad parecía hacer olvidar al sistema inmunitario que había sido vacunado contra la tuberculosis, y lo que también sugería que probablemente el sarampión podía causar el olvido de otras vacunas, así como disminuir la inmunidad natural desarrollada contra microrganismos con los que el sistema inmunitario de los niños se ha ido encontrando a lo largo de su desarrollo. Estudios subsiguientes mostraron que sufrir la enfermedad del sarampión incrementa la probabilidad de contraer otras enfermedades infecciosas y la mortalidad asociada a ellas hasta cinco años después de superada la enfermedad. Los datos indicaron igualmente que el sarampión podía estar asociado al 50% de la mortalidad infantil causada por otras enfermedades infecciosas.

Los investigadores estudian ahora los efectos del sarampión sobre el sistema inmunitario con las herramientas más modernas de las que se disponen. Así, mediante el ensayo VirScan, una técnica que permite identificar a todos los anticuerpos existentes en la sangre contra microorganismos patógenos, estudian a 77 niños no vacunados, en Holanda, antes y después de una infección natural por sarampión. Los resultados de este estudio indicaron que el sarampión causó una disminución del repertorio de anticuerpos protectores contra otros microorganismos en un rango que variaba desde el 11% de este repertorio en los niños más afortunados hasta el 73% del repertorio en los más afectados. El sistema inmune de los niños parecía haber olvidado que en el pasado había luchado contra muchos microorganismos. Este fenómeno se ha denominado amnesia inmunológica.

Los investigadores estudian también si esta disminución del repertorio de anticuerpos protectores sucedía de igual manera en los niños vacunados contra el sarampión. Era razonable pensar que tal vez la vacuna, que simula una infección por el virus del sarampión, causara efectos similares.

No fue esto lo que sucedió. Si bien la vacuna era eficaz para proteger de la infección por el virus del sarampión en una extensión similar a la conseguida por la infección natural con este virus, la vacuna no causaba por ello inmunosupresión alguna y dejaba a las defensas de los niños perfectamente preparadas para luchar contra otras infecciones.

Estas nuevas revelaciones indican que la vacunación contra el virus del sarampión no solo protege contra esta enfermedad, sino que también contribuye a mantener la eficacia de otras vacunas y genera un mejor estado de las defensas para hacer frente a las numerosas amenazas de enfermedades infecciosas que acechan a la vida de los niños. ¿Valdrá este nuevo conocimiento para convencer a los escépticos sobre la eficacia de al menos esta vacuna? No soy optimista, pero, sea como sea, considero que los poderes públicos deberían tomar medidas para impedir que los padres rebeldes frente al conocimiento científico y médico pongan en peligro la vida de sus hijos y de los hijos de otros.

Referencia: Michael J. Mina et al. (2019) Measles virus infection diminishes preexisting antibodies that offer protection from other pathogens Science 1 NOVEMBER 2019 • VOL 366 ISSUE 6465, pp 599.

15 de diciembre de 2019

PLAQUETAS Y ATEROSCLEROSIS

La aterosclerosis es la enfermedad silenciosa que más personas mata en el mundo desarrollado. Esta enfermedad comienza desde la primera o segunda década de la vida, por lo que más que una enfermedad que solo sufren algunos desafortunados debería considerarse un proceso degenerativo de las arterias que sufre todo el mundo. Cuando alcanzan los 65 años, prácticamente todas las personas han desarrollado aterosclerosis en mayor o menor grado. Es cierto, sin embargo, que tanto factores genéticos, que difieren entre los individuos, como estilos de vida poco sanos, que incluyen el consumo de tabaco, de alcohol y una alimentación poco saludable, pueden exacerbar el proceso de degeneración de las arterias que la aterosclerosis supone.

La aterosclerosis se produce por la generación de placas en la superficie interna de las arterias, superficie formada por una capa de células llamada endotelio, palabra derivada del griego que significa "tejido interior en forma de lazo". Estas placas sobre el endotelio van creciendo y engrosándose con el tiempo y causan un progresivo estrechamiento y endurecimiento de las arterias que compromete el riego sanguíneo a los órganos.

Las placas de ateroma poseen una estructura definida, caracterizada por una acumulación de lípidos en su centro, y también por la acumulación de lípidos en el interior de las células que son las principales responsables de su formación: los macrófagos. Los macrófagos son células del sistema inmunitario derivadas de otras células que viajan por la sangre, llamadas monocitos.

Por otra parte, el colesterol es uno de los lípidos más abundantes en las placas. Esta es la razón por la que altos niveles de colesterol en sangre son un factor de riesgo para la formación de placas que conduce a la enfermedad cardiovascular oal ictus cerebral, los cuales pueden producirse cuando el estrechamiento de las arterias hace que el riego sanguíneo ya no sea suficiente, o cuando una placa se desprende y obtura el flujo sanguíneo.

Parece ser que el factor que inicia la formación de placas es la invasión del endotelio por proteínas de la sangre transportadoras del colesterol, sobre todo por las lipoproteínas de baja densidad, esas que aparecen indicadas por las letras LDL en los resultados de los análisis de sangre, las cuales son portadoras del llamado popularmente "colesterol malo". Estas proteínas se depositan en el endotelio y su carga de lípidos se oxida por el oxígeno de la hemoglobina, lo que desencadena una reacción inflamatoria que atrae a los monocitos desde la sangre. Los monocitos atraídos se convierten en macrófagos, células fagocíticas que comienzan a ingerir a las LDL oxidadas en un intento de eliminarlas, lo que no consiguen siempre. Esto les conduce a acumular lípidos, y a que se conviertan en células espumosas, así llamadas por su aspecto esponjoso al microscopio, conferido por las gotillas de lípidos y colesterol que acumulan en su interior. Al mismo tiempo, las células espumosas producen y secretan al exterior moléculas que atraen a más monocitos los cuales se convierten en macrófagos, lo que produce el efecto de que la placa vaya creciendo a medida que se siguen acumulando tanto los lípidos como los macrófagos y estos se convierten en más células espumosas.

Placas por plaquetas

A pesar de todos los conocimientos anteriores sobre la formación de las placas de ateroma, no se conocen ni mucho menos todos los detalles sobre este proceso. En particular, unos actores que participan en el desarrollo de la aterosclerosis, pero de los que se sabe poco, son las plaquetas. Recordemos que las plaquetas son las otras células sin núcleo de la sangre, junto con los glóbulos rojos, y son solo de un 20% del tamaño de estos. Su misión es la de activarse frente a una rotura en los vasos sanguíneos para taponarlos, junto con otras proteínas de la coagulación. La activación de las plaquetas es importante, porque si no están activadas no se juntan entre sí para producir el necesario tapón en la pared de un vaso sanguíneo roto. La activación requiere del contacto entre las plaquetas y el endotelio dañado.

Unos nuevos estudios, realizados por investigadores de la Facultad de Medicina de la Universidad de Nueva York, revelan nuevas y sorprendentes funciones de las plaquetas. Para sus estudios, los investigadores utilizan ratones de laboratorio genéticamente modificados para que carezcan de plaquetas y comparan lo que sucede con ellos y con los ratones normales con respecto a la formación de las placas de ateroma.

Los resultados de estos estudios revelan que el colesterol de la sangre facilita la agregación de las plaquetas con los monocitos de la sangre y con los macrófagos, lo que potencia el crecimiento de las placas de ateroma. Así pues, demasiado colesterol en la sangre no solo es pernicioso porque esto favorece su acumulación en las placas, sino porque también acelera el crecimiento de estas mediante su acción sobre las plaquetas.

La actividad de las plaquetas no acaba aquí. Su interacción con los macrófagos en las placas estimula a estos para permanecer en un estado proinflamatorio, secretando proteínas que atraen a más monocitos a la placa, que acabarán convirtiéndose en células espumosas. Por si fuera poco, los macrófagos así activados por las plaquetas son células fagocíticas deficientes y no pueden degradar a los componentes y lípidos de la placa, razón por la que estos se siguen acumulando.

Aunque todos estos datos se obtienen de estudios realizados con animales de laboratorio, los investigadores estudian también a pacientes que ya han sufrido algún episodio de enfermedad cardiovascular declarada, como un infarto o un ictus, y descubren que estos poseen una actividad plaquetaria mayor de la normal, lo que ha podido contribuir al desarrollo de su enfermedad. Estos descubrimientos sugieren que intervenir sobre las plaquetas mediante fármacos o medios preventivos de su activación podría ser una manera adicional de reducir la velocidad de progreso de la aterosclerosis y la morbilidad y mortalidad causadas por ella.

Referencia: Tessa J. Barrett, et al. Platelet regulation of myeloid suppressor of cytokine signaling 3 accelerates atherosclerosis. Sci. Transl. Med. 11, eaax0481 (2019) 6 November 2019.

22 de diciembre de 2019

¿SOMOS BUENOS, MALOS O REGULARES?

Una cuestión que sigue sin ser respondida es si el ser humano es bueno o malo por naturaleza o si, al contrario, es la sociedad la que nos hace buenos o malos. Esta cuestión ha sido generalmente abordada por la filosofía y por la religión.

La ciencia quizá no pueda explicarlo todo, pero, en mi opinión, puede acercarse con mayor seguridad y probabilidad a la realidad que cualquier otra disciplina. Desde hace unas décadas, la ciencia ha abordado también la cuestión de si la naturaleza humana es buena o mala, y lo ha hecho, como es habitual, mediante observaciones y experimentos.

La palabra "experimento" conlleva connotaciones negativas, tal vez porque los adversarios de la ciencia han tomado buena nota del poder de la experimentación y la han intentado desprestigiar. Es cierto que, en el pasado, algunos experimentos han sido más propios de salvajes que de ilustrados científicos. No obstante, por fortuna, no todos los experimentos imaginados se han llevado a cabo. Con respecto al tema que nos ocupa, algunos pensaron que, para resolverlo de una vez por todas, lo mejor sería abandonar a cientos de niños muy pequeños en una isla desierta, dándoles alimento y recursos, pero sin hablarles ni educarles; dejarlos crecer por sí solos y, veinte años más tarde, regresar a la isla para comprobar qué tipo de sociedad había surgido. A pesar de que parece históricamente documentado que algunos reyes y faraones consideraron hacer este experimento, la naturaleza humana no ha sido, por el momento, tan perversa como para llevarlo a cabo. Es una buena señal.

En ocasiones, no obstante, algunas desgracias acuden en ayuda de la ciencia y producen "experimentos naturales" que los científicos pueden analizar. Esto sucedió en el caso de dos naufragios ocurridos en el siglo XIX cerca de Nueva Zelanda. Dos barcos tuvieron la mala suerte de naufragar en 1864, solo con unos meses de diferencia. El primero de ellos fue el Grafton. Algunos afortunados supervivientes de este naufragio pudieron llegar al sur de la isla de Auckland, desierta por aquel entonces, donde intentaron sobrevivir. Lo consiguieron todos por año y medio antes de ser rescatados. Para ello resultó clave el establecimiento de una sociedad colaborativa y capaz de evitar los conflictos.

En mayo de 1864, el Invercauld naufraga en las mismas aguas. Diecinueve supervivientes, de un total de 25 personas, consiguen alcanzar otra parte de la misma isla de Auckland, aunque alejada de la anterior. Estos desafortunados nunca entraron en contacto con los náufragos del Grafton. En este caso, las cosas no salieron tan bien. Inicialmente, los supervivientes se vieron forzados a abandonar a un hombre herido y dejarlo morir en la playa para que el resto pudiera sobrevivir. Quizá fueran las duras circunstancias iniciales las que en este caso impidieron que se estableciera una sociedad colaborativa. Cuando finalmente este grupo de náufragos fue rescatado, solo tres habían logrado sobrevivir.

MARIONETAS Y CAMISETAS

Una conclusión de estos "experimentos naturales" es que la colaboración entre los miembros de nuestra especie debió resultar fundamental para la supervivencia en los duros tiempos prehistóricos. La capacidad de colaborar y de elegir a otros con las características adecuadas para colaborar con ellos debió, por tanto, sufrir una fuerte presión de selección, es decir, aquellos incapaces de colaborar, o de elegir a buenos colaboradores, morirían bien antes de poder reproducirse o, si lo hacían, su descendencia no tendría mucho éxito reproductivo.

De ser esto cierto, la capacidad de identificar a quienes tienen tendencia a colaborar y a quienes no la tienen debería ser innata. Para confirmar si esta idea es cierta, se han llevado a cabo experimentos con niños de muy corta edad, experimentos que sí son civilizados y éticos. En uno de ellos, se hizo ver a niños de solo meses de edad una representación de marionetas. Las marionetas estaban marcadas con figuras geométricas de colores para que los niños pudieran identificarlas con facilidad. En una de las obras, la figura del círculo rojo intentaba ayudar a la del triángulo verde, pero la del cuadrado azul intentaba impedirlo. En otra obra, mostrada a otro grupo diferente de niños, era la marioneta del cuadrado azul la que intentaba ayudar a la del triángulo verde, pero la del círculo rojo intentaba evitarlo. Cuando a continuación se dejaba a los niños que eligieran qué marioneta preferían para jugar, en todos los casos eligieron a las marionetas que ayudaban a las otras, independientemente del color o de la forma de la figura con las que se las había identificado.

Sin embargo, otros experimentos han mostrado que la capacidad de elegir con quien deseamos colaborar, es decir, quién es de los nuestros, tiene un precio. Por ejemplo, en un simple experimento se vistió a niños de corta edad con camisetas de dos colores diferentes. Esta simple manera de distinguirlos creó animosidad entre los niños. Estos se encontraron, súbitamente, perteneciendo a grupos diferentes que de forma espontánea se convirtieron en rivales. Sin embargo, nuevos niños con camisetas de uno u otro color eran aceptados más rápidamente en los grupos vestidos con las mismas camisetas.

Así, la capacidad de formar grupos y de colaborar viene unida a una desgraciada característica humana: convertir en enemigos a otros que son identificados como ajenos a nuestro grupo. No está claro por qué la capacidad innata de colaborar con alguien de nuestro propio grupo está asociada a la tendencia también innata de considerar rivales o incluso enemigos a miembros de otros grupos. Serán necesarios estudios adicionales para comprender este fenómeno en toda su profundidad, pero parece que la ciencia nos dice que la bondad y la maldad están indisolublemente unidas en la naturaleza humana. En un mundo cada vez más poblado, más intercultural e interracial, comprender bien nuestra naturaleza para potenciar su lado positivo e intentar controlar su lado negativo puede suponer la diferencia entre la paz o la guerra, la unión o la ruptura.

Referencia: Nicholas A. Christakis. Blueprint: The Evolutionary Origins of a Good Society. (2019). ISBN-13: 978-0316230032.

29 de diciembre de 2019

Fin de Quilo de Ciencia volumen XII (2019)